世界热带鱼图鉴

700 种热带鱼饲养与鉴赏图典

［日］小林道信 著　　张蓓蓓 译

中国民族摄影艺术出版社

目录
CONTENTS

走进热带鱼的世界

　　人们的爱好多种多样,用水族箱饲养热带鱼就是其中之一。无论大人还是孩子都可以把饲养热带鱼当成自己的终身爱好。在一个小小的"水族箱"里营造出一个独特的"水中世界",足不出户在室内就可以享受饲养热带鱼的乐趣。饲养热带鱼并不意味着只是养一些小鱼小虾,同时还可以享受栽培水中植物的乐趣。随着饲养水平的提高,还可以帮助自己饲养的热带鱼繁衍后代。您是这个水族箱里所有生命的管理者,您有保护它们生命的责任。因此,饲养热带鱼需要耗费您一定的时间和精力,绝对不是一个省事省力的爱好,但是它带给您的乐趣将是您所付出的数倍。

热带鱼各部位的名称

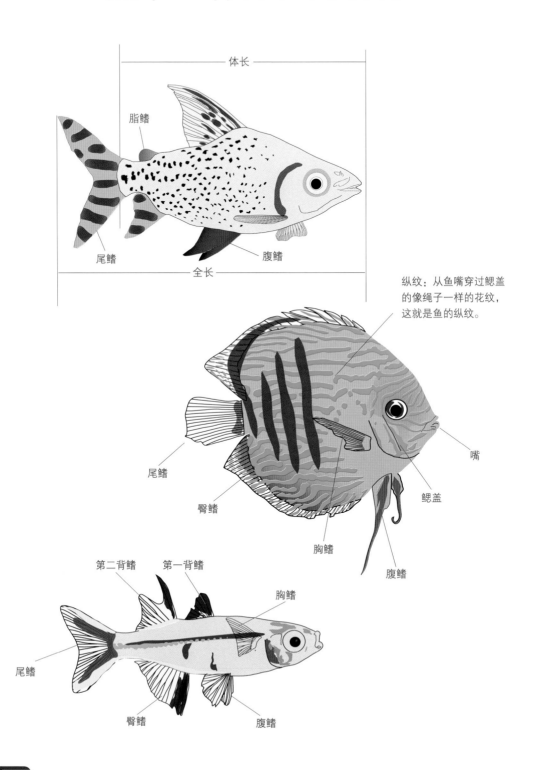

体长

脂鳍

尾鳍

腹鳍

全长

纵纹：从鱼嘴穿过鳃盖的像绳子一样的花纹，这就是鱼的纵纹。

尾鳍

臀鳍

嘴

鳃盖

胸鳍

腹鳍

第二背鳍　第一背鳍

胸鳍

尾鳍

臀鳍

腹鳍

第一章
700种热带鱼名录

卵生鳉鱼
Killi Fish

卵生鳉鱼是热带产鳉鱼的一种。卵生鳉鱼大多身体娇小，体色迷人。有些种类的卵生鳉鱼，将其受精卵从水中取出后在潮湿的状态下保存一段时间，重新放入水中依然可以孵化。这种独特的繁殖形态也是这种鱼的魅力之一。

卵生鳉鱼的寿命较短，一般为一年左右，长的2～3年。因此，最好不要购买已经进入成熟期的体积较大的个体。也正是因为它寿命短，所以在普通的观赏鱼商店里很难买到，如果有需要可以在观赏鱼杂志特别推荐的卵生鳉鱼专卖店进行购买。

大部分的卵生鳉鱼都生活在弱酸性的软质水里，也有一部分假鳃鳉属的鳉鱼根据栖息地的特点喜欢生活在弱碱性或中性的偏硬质水中。在饲养这类鳉鱼时，最好在水族箱里按照0.1%~0.2%的比例加入一些人工海水。

卵生鳉鱼的适应性强，一旦习惯了人工鱼饵的味道就会吃得非常开心，但是要注意保持它们的营养均衡，以及喂食鱼饵种类的多样化。鱼饵专卖店里的冷冻鱼饵种类很多，可以保证鱼饵营养的丰富性。

卵生鳉鱼有近1000种，分布在世界各地（澳大利亚除外）。体色最艳丽丰富的热带卵生鳉鱼大多集中在美洲大陆。而且，即使是同种卵生鳉鱼，根据栖息地不同体色也会有很大差异，如果算上体色差别的种类，那么卵生鳉鱼的种类将超过1000种。

南美洲地区的卵生鳉鱼种类虽然不多，但是集中了许多非常美丽的品种。

如果使用30cm左右的小型水族箱饲养卵生鳉鱼，用海绵过滤器最方便。因为水族箱体积小，为了预防疾病最好不要在箱底铺垫沙砾。只要水温适宜，在非活水的环境中也可以饲养，只要一直开着过滤器就可以防止鱼儿感染疾病。

水族箱的大小也有很多种，最小的水族箱的容积是30cm水族箱的一半左右。毋庸置疑，使用大一点的水族箱更有利于鱼的健康。水箱里的水量越多越容易保证水质的稳定性，不易发生水质突变。对于初次接触养鱼的人来说，建议至少要使用30cm的水族箱。

换水的频率至少保持每周一次，更换1/3~1/2的水量。使用排水管可以将水族箱内的垃圾一同排出。如果不经常换水，容易使鱼染上胡椒病。

如果准备混养，可以选择大小差不多的同一种类或者其他种类的卵生鳉鱼，也可以选择性格温和的小型加拉辛鱼、三角灯鱼、鼠鱼等没有攻击性的性格温和的小型鱼类。

由于对水草没有任何攻击性，卵生鳉鱼是最适合用在水草造景的水族箱里饲养的鱼类。

用嘴相互撕咬攻击的兰圆尾鳉。这是一场同种卵生鳉鱼之间的争斗。

正在捕食蜜蜂虾的雌性卵生鳉鱼。卵生鳉鱼靠捕食小型的虾类为生。

黑珍珠鳉
Cynolebias (Austrolebias) nigripinnis
体色呈近似黑色的深蓝色，全身布满浅色斑点，能够给人留下深刻的印象。因为它的寿命只有一年时间，如果希望长期观赏就要在繁殖上下功夫。
●全长：6cm ●栖息地：阿根廷 ●饲养难度：一般

班节珍珠鳉
Cynolebias (Austrolebias) alexandri
与名珠鳉很像，但是全身体色偏绿色系，身上有横条纹。栖息地的气候分为旱季和雨季，雌鱼在旱季来临时产卵，产卵后死亡，等到雨季来临，旱季产的卵自行孵化，迅速成长为成鱼。它的寿命只有一年。
●全长：6cm ●栖息地：阿根廷 ●饲养难度：一般

安芬珠鳉
Cynolebias (Austrolebias) affinis
周身呈绿色，好像会发光一样。喜欢成双成对地躲在水草间产卵。
●全长：6cm ●栖息地：乌拉圭 ●饲养难度：一般

帕特里克珠鳉
Cynolebias (Austrolebias) patriciae
拥有高雅的体色，珠鳉属。全身圆滚滚的，感觉十分可爱。
●全长：6cm ●栖息地：巴西 ●饲养难度：一般

名珠鳉
Cynolebias (Austrolebias) notatus
南美洲产的卵生鳉鱼。体色以茶色为基色，全身布满了细小的蓝色斑点，散发着优雅的气息。
●全长：4cm ●栖息地：巴西 ●饲养难度：一般

卵生鳉鱼不喜欢过高的水温，在夏季要注意控制水族箱里的水温。如果水温超过25℃就需要注意了。一般来说，卵生鳉鱼喜欢生活在水温比较低的环境中。但假鳃鳉鱼是例外，它们必须在水温26～28℃的环境中饲养，因此饲养假鳃鳉鱼时应注意将水温保持在该温度范围内。

卵生鳉鱼最容易感染一种由白点病病原体引发的像胡椒面一样附着在身体上的"胡椒病"（也称"天鹅绒病"）。在选购的时候要注意仔细观察，选择那些健康的卵生鳉鱼。

卵生鳉鱼对水质的变化极其敏感，所以换水的时候要注意不要使水质突然发生改变。在换水前可以撒一些泥炭或者水质调节剂来调节水质。

七彩珍珠鳉
Simpsonicthys picturatus

产于南美洲的高级卵生鳉鱼。最近开始才逐渐为人所知。对于水质极其敏感，需要定期换水，最好是每周换掉总水量的2/3（分两次换水）。
●体长：5cm●栖息地：南美洲●饲养难度：较难

惠氏珠鳉
Cynolebias whitei

它是珠鳉饲养的入门品种。饲养、繁殖都非常简单，适合入门者饲养。其中有些是白子型孔雀鱼的改良品种。
●全长：8cm●栖息地：巴西●饲养难度：容易

辐射珍珠鳉
Simpsonicthys fulminantis

产于南美洲的知名卵生鳉鱼，是非常受欢迎的品种。市面上的数量极少，日本的该品种珠鳉都是人工饲养繁殖的。
●全长：5cm●栖息地：南美洲●饲养难度：较难

科斯塔式珠鳉
Cynolebias costai

它的巨大的背鳍和尾鳍有一圈蓝色的细线，因体色丰富而很受欢迎。
●全长：4cm●栖息地：南美洲●饲养难度：较难

乔式鳉
Jordanella floridae

由于它体侧的花纹很像美国国旗，所以又叫美国旗鱼。雌鱼产卵后，雄鱼负责看护鱼卵。易繁殖。
●全长：6cm●栖息地：佛罗里达●饲养难度：容易

矮灯鳉
Aplocheilichthys pumilus

它与生长在坦噶尼喀湖的非洲蓝眼灯鱼为一属种。在身体状态好的情况下，它的鳍和身体都会泛出淡淡的蓝光，十分醒目。
●全长：4cm●栖息地：坦噶尼喀湖●饲养难度：容易

科氏假鳃鳉
Nothobranchius kirki

给人以可爱印象的卵生鳉鱼。全身布满细小网络状纹路。可以在卵生鳉鱼专卖店购买到。
●全长：5cm●栖息地：马拉维湖●饲养难度：较难

佛氏圆尾鳉
Nothobranchius foerschi

假鳃鳉的入门品种之一。体色优美，身体强壮，易饲养，人气很高。喜欢食用水蚤、赤虫之类的活饵。一般的热带鱼商店都不出售活饵，只出售冷冻鱼饵，可以到卵生鳉鱼专卖店购买，或通过互联网、热带鱼饲养杂志购买。
●体长：5cm●栖息地：坦桑尼亚●饲养难度：容易

蓝圆尾鳉
Nothobranchius guentheri var.

红圆尾鳉的改良品种之一，将原有品种的红色脱掉后的变异品种。
●全长：5cm●栖息地：改良品种●饲养难度：容易

火麒麟
Nothobranchius rachovii

热带卵生鳉鱼中十分知名的鱼种，对于水质变化十分敏感，入门者最好不要饲养。雌鱼的体色呈朴素的乳白色，雄性的体色十分鲜艳，甚至会让人误认为是其他品种。另外，雄鱼之间比较喜欢争斗，饲养时最好在水族箱里多布置一些水草或者浮木，给它们提供一些隐蔽的场所。
●全长：5cm●栖息地：改良品种●饲养难度：较难

黑宝贝鳉
Nothobranchius patrizzi

假腮鳉属中最常见的一种鳉鱼，在卵生鳉鱼专卖店里可以买到。
●全长：4~5cm●栖息地：非洲索马里●饲养难度：容易

蓝色乌头鳉
Plataplochilus chalcopyrus

属于小型观赏鱼，身体表面有蓝色透明感的线条。蓝色乌头鳉具有喜欢在浮木的裂纹里产卵的独特习性。
●全长：5cm●栖息地：加蓬●饲养难度：一般

类丝足鳉
Procatopus similis

体色优美，雄鱼和雌鱼的身上都泛着金属光泽的蓝色。雌鱼（如图）的体积要大于雄鱼。
●全长：6cm●栖息地：尼日利亚等地●饲养难度：一般

巴拉圭新底鳉
Neofundulus paraguayensis

产于南美洲的珍惜品种。圆形尾鳍上的花纹配色艳丽，进口数量非常少。
●全长：8cm●栖息地：巴拉圭、巴西●饲养难度：容易

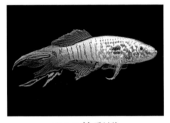

GAR篮彩鳉
Aphyosemion sjoestedti

属于热带卵生鳉鱼类的大型鱼。这种鱼的鱼鳍比较脆弱易断，最好单独饲养。
●全长：15cm●栖息地：尼日利亚●饲养难度：一般

五彩珍珠琴尾蜡
Aphyosemion gardneri

旗鳉属中比较皮实，容易饲养的入门品种。市场上随处可见，随着出产地域不同它的体色也十分丰富，如果有兴趣可以收集各种色彩的变种进行饲养。
●全长：6cm●栖息地：尼日利亚●饲养难度：容易

琴尾旗鳉
Aphyosemion australe var.

旗鳉鱼中最受欢迎的品种。琴尾旗鳉喜欢在茂密水草和浮游水草的细小根部产卵。
●全长：6cm●栖息地：改良品种●饲养难度：容易

五彩珍珠琴尾蜡变种
Aphyosemion gardneri var.

五彩珍珠琴尾蜡的变种之一。如果有兴趣可以试着收藏红圆尾鳉各个地域的变种进行饲养。
●全长：6cm●栖息地：尼日利亚●饲养难度：容易

五彩珍珠琴尾蜡变种
Aphyosemion gardneri var.

这是由于五彩珍珠琴尾蜡色彩突发变异而形成的新的改良品种，它是一种比较易于养殖的热带卵生鳉鱼。体色亮丽是水族箱里一道吸引人的风景。
●全长：6cm●栖息地：改良品种●饲养难度：容易

蓝带彩虹鳉
Aphyosemion striatum

旗鳉属种中最为知名的体色艳丽的鱼种。根据地域不同也有许多变异。容易饲养，易于繁殖。它的体色靓丽，穿梭在碧绿的水草之间，十分艳丽夺目。这种鱼爱好和平，很少和同类发生争斗，即使在小型的水族箱内也可以同时饲养多条。由于它对水质不是十分敏感，所以可以和其他种类同大的温和型鱼混养。这种鱼的繁殖条件并不苛刻，只要在水族箱里植足够多的水草，它就能自然繁殖，无需特意照料。
●全长：6cm●栖息地：几内亚、加蓬●饲养难度：容易

黄金鳉
Aplocheilus lineatus var.

黄金鳉全身都散发着金色金属般的光泽，由于体色优美，十分受热带鱼爱好者欢迎。这款黄金鳉是在德国产的杂交鳉鱼种的基础上，与黄金鳉相结合发展而来的改良品种。这种鱼即使与其他品种混养也很少发生争执，如果受到其他鱼的追逐攻击，容易跃出水面躲避袭击，所以饲养这种鱼时最好在水箱上加个盖子。

●全长：6cm●栖息地：改良品种●饲养难度：容易

斑节鳉
Pseudepiplatys annulatus

斑节鳉的体色色彩搭配十分独特。在喜欢漂亮的小型热带鱼的爱好者中十分受欢迎。根据地域不同变种较多。

●全长：4cm●栖息地：利比里亚、几内亚●饲养难度：容易

诺门灯鳉
Aplocheilichthys normani

卵生鳉鱼中最受欢迎的鱼种之一。它的眼白闪着蓝色的光，同时养几十条诺门灯鳉，让它们成群结队游来游去，场面非常漂亮。

●全长：3.5cm●栖息地：塞拉利昂等地●饲养难度：容易

谢氏灯鳉
Aplocheilichthys scheeli

谢氏灯鳉的腹鳍明显比普通灯鳉的腹鳍长。当它身上所有的鱼鳍全部打开时，样子十分迷人。进口数量不多，属于珍稀品种。使用干燥鱼饵也可以饲养。

●全长：4cm●栖息地：喀麦隆、几内亚●饲养难度：容易

孔雀鱼
Guppy

孔雀鱼的原种产于中美洲特立尼达的周围地区，原种孔雀鱼的鱼鳍较小，周身布满美丽花纹，属于小型卵胎生鳉鱼。孔雀鱼的色彩变异种类繁多。孔雀鱼的生命周期较短，容易繁殖，出生后的幼鱼在3~4个月后就可以产卵，易于改良。

孔雀鱼是人工改良品种中最成功的一种。孔雀鱼的原种仅在体侧上遍布着一些红色或者蓝色的斑纹，并不十分艳丽。通过热带鱼爱好者的不断改良，它变成了现在这样带有大大的漂亮鱼鳍、观赏性极强的热带鱼。现在，日本的热带鱼商店里90%以上的孔雀鱼都是从东南亚养殖场进口的品种。

孔雀鱼属卵胎生鳉鱼，这是它的一大特点。雌鱼腹中的受精卵直接孵化成幼鱼，一次最多可以孵化数十条。对于入门者来说，孔雀鱼是一种非常易于繁殖的热带鱼。

热带鱼商店刚刚到货的进口孔雀鱼，容易出现身体衰弱现象，在选购的时候要避免购买这种鱼。出现这种现象的原因是，商家在进口孔雀鱼的时候为了防止孔雀鱼在途中感染疾病，通常会给它们喂食药效很强的疾病预防药。当鱼到达热带鱼商店后就会停止喂药，这时长期被强烈药效压制住的疾病容易反弹，导致病鱼的增加。

正在生产的雌性孔雀鱼。

透过它的腹部隐约可以看见幼鱼的眼睛。

进口孔雀鱼大多是从新加坡的养殖场进口，当地的水质属于弱碱性的硬水，为了使水质与当地水质尽量保持一致，热带鱼商店大多会在水族箱里加一些食盐。如果买回后水质突然由硬质水变为软质水，容易影响孔雀鱼的健康状况。购买的时候最好事先确认好热带鱼商店水族箱的水质。呈弱碱性的硬水是饲养孔雀鱼的最佳水质，但是由于孔雀鱼对水质

的适应性非常好，所以只要不是水质发生极端变化，它都可以适应。

孔雀鱼对鱼饵并不挑剔，即使是片状鱼饵也吃得很开心。如果想把幼鱼养大，最好每天孵化一些营养价值较高的丰年虾进行喂养。

水族箱内的水流过强则会消耗孔雀鱼过多的体力，因此要注意把水流调弱，对于过滤器的种类并没有特别要求。

银白燕尾

Poecilia reticulatus var.

此类鱼在新加坡大量繁殖，由于既便宜又美观，被其他国家大量进口。

●全长：3cm ●栖息地：改良品种 ●饲养难度：容易

德系黄尾礼服孔雀

Poecilia reticulata var.

全身半白，是非常受欢迎的孔雀鱼改良品种。照片中的鱼正在张开鱼鳍，身体呈带状。

●全长：5cm（雄）、7cm（雌）●栖息地：改良品种 ●饲养难度：容易

金蓝尾礼服孔雀（真红眼白子）

Poecilia reticulatus var.

是一种保留了原有体型的改良孔雀鱼。尾鳍很短，在水缸内游泳速度惊人。

●全长：4cm（雄）、6cm（雌）●栖息地：改良品种 ●饲养难度：容易

黄化金属孔雀

Poecilia reticulatus var.

巴拿马野生孔雀鱼，拥有色彩丰富的躯体。

●全长：3cm（雄）、5cm（雌）●栖息地：改良品种 ●饲养难度：容易

雌、雄安德拉斯双剑孔雀鱼。

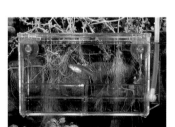

产卵箱（产仔箱）中饲养的孔雀鱼（雌）。

自制的不锈钢产仔箱。

孔雀鱼喜欢新鲜的水质，经常换水有利于孔雀鱼的健康。换水频率最好保持在每周换1/3的水量。孔雀鱼雄鱼鱼鳍较大，所以如果混养，最好选择一些不易伤到它的温和型鱼类。但是，孔雀鱼的幼鱼容易被其他鱼类捕食，即使是温和的小型加拉辛鱼也会捕食孔雀鱼的幼鱼。如果想增加水族箱内幼鱼成活的数量，最好把雌鱼转移到单独的产卵箱内。

孔雀鱼容易罹患的疾病是白点病。将水温调高到27～28℃，喂养片状鱼饵或者是冷冻赤虫之类的清洁鱼饵，避免喂养蚯蚓之类的活饵就可以预防疾病。

孔雀鱼属于卵胎生鳉鱼，所以雌鱼直接产出幼鱼，易繁殖。但是，雌鱼有吃掉刚出生的幼鱼的习惯，因此雌鱼生产时最好使用产卵箱或者在水族箱内种植密集的水草，给幼鱼营造出逃跑的避难所。

孔雀鱼易于繁殖，所以容易繁殖过度。如果不打算增大水族箱体积，那么最好注意控制幼鱼数量。过度繁殖会造成水质恶化，甚至导致孔雀鱼一夜之间大量死亡。

兰草尾
Poecilia reticulata var.

兰草尾是日本产的杂交改良品种，属于最受欢迎的孔雀鱼三大家之一。十几年来兰草尾一直名列前茅从未改变，但是最近开始有人气衰退的迹象。兰草尾的缺点是尾鳍的颜色呈黄色，现在正在努力通过繁殖技术改变这一问题。

●全长：5cm（雄性）、7cm（雌性）●栖息地：改良品种●饲养难度：一般

马赛克
Poecilia reticulatus var.

马赛克过去就十分受欢迎，现在也依然如此。它的特点是尾鳍呈现出优美的马赛克图案。

●全长：5cm（雄性）、7cm（雌性）●栖息地：改良品种●饲养难度：容易

安德拉斯双剑
Poecilia reticulatus var.

安德拉斯双剑是十分受欢迎的野生孔雀鱼。因其体色鲜艳，从所有野生孔雀鱼中脱颖而出。它极其受欢迎，在热带鱼商店或通过网络都能买到身体状况良好的安德拉斯双剑。这种鱼的繁殖力相当旺盛，一对雌雄鱼数月可产鱼100多条。

●全长：5cm（雄性）、7cm（雌性）●栖息地：改良品种●饲养难度：容易

米卡利夫白金黄尾
Poecilia reticulata var.

全身呈金黄色的孔雀鱼的改良品种。属于白子型鱼，所以眼睛呈赤红色，十分艳丽。

●全长：5cm（雄性）、7cm（雌性）●栖息地：改良品种●饲养难度：容易

蛇王
Poecilia reticulata var.

蛇王因其身体上的花纹与剧毒的眼镜王蛇相似而得名，深受热带鱼爱好者的喜爱。

●全长：5cm（雄性）、7cm（雌性）●栖息地：改良品种●饲养难度：容易

蛇王双剑
Poecilia reticulata var.

蛇王中尾部呈安德拉斯双剑式的品种。不同品种的孔雀鱼交配可以形成许多新的品种，蛇王双剑就是其中之一。

●全长：5cm（雄性）、7cm（雌性）●栖息地：改良品种●饲养难度：容易

红孔雀（白子）
Poecilia reticulata var.

属于白子型鱼，眼睛呈红色，是日本产的比较受欢迎的一种人气鱼种。红孔雀白子与兰草尾、德系黄尾礼服并列为日本最受欢迎的三大孔雀鱼。红孔雀白子色彩艳丽而不张扬，征服了众多热带鱼爱好者的心。

●全长：5cm（雄性）、7cm（雌性）●栖息地：改良品种●饲养难度：一般

烟火
Poecilia reticulatus var.

烟火属于古老系孔雀鱼，身上色彩斑斓有如点点缀在夏日夜空中的点点烟火。

●全长：5cm（雄性）、7cm（雌性）●栖息地：改良品种●饲养难度：容易

下剑尾
Poecilia reticulatus var.

下剑尾拥有特殊的遗传基因，它巨大尾鳍的上半部分有缺失，因此得名。市场上并不十分常见。

●全长：5cm（雄性）、7cm（雌性）●栖息地：改良品种●饲养难度：容易

RRE银礼服缎带（白子）
Poecilia reticulatus var.

日本产的缎带孔雀鱼。由于雄性的生殖器官（为了交配由鱼的尾鳍变化而成）过长无法使雌性正常受精。因此，在繁殖这种孔雀鱼的时候需要使用与雌鱼同一条母鱼生出的体内带有缎带基因的普通体态的雄鱼，也就是雌鱼的兄弟，作为雄鱼与雌鱼交配。

●全长：5cm（雄性）、7cm（雌性）●栖息地：改良品种●饲养难度：容易

其他卵胎生鳉鱼
Livebearer

与孔雀鱼相同，卵胎生鳉鱼的雌鱼并不产卵而是直接生产幼鱼，所以十分容易繁殖。而且大半的卵胎生鳉鱼母鱼都比孔雀鱼大，所以卵胎生鳉鱼产出的幼鱼体积也大于孔雀鱼，这样卵胎生鳉鱼的幼鱼就更容易成活。这里介绍的都是除了孔雀鱼以外其他具代表性的卵胎生鳉鱼的改良品种，体色鲜艳的较多。除了尖嘴蝶鱼是食肉类鱼类之外，其他的卵胎生鳉鱼大多属于温和型鱼种，大部分都易于养殖。

孔雀鱼之外的卵胎生鳉鱼还有月光鱼和剑尾鱼。虽然种类繁多，但是在购买的时候最好先考虑好水族箱内各种鱼的色彩搭配，与其每种选一条饲养还不如只选几种，每种的数量多一些，这样水族箱的观赏性会更强。

一般来说，无论是月光鱼、剑尾鱼还是摩利鱼，都比较喜欢弱碱性的硬水环境。尤其是摩利鱼，特别喜欢在加了盐的淡水中生活，有点像汽水鱼。在饲养摩利鱼的时候要尽量在水族箱里加入海水，在底部或者过滤器内加入珊瑚沙或者用水质调节剂来调节水质。

另外，月光鱼和剑尾鱼像孔雀鱼一样适应能力较强，只要依弱酸水→中性软水→偏硬水逐步改变水质，让其逐渐适应新的水质，应该可以正常饲养了。

卵胎生鳉鱼对鱼饵并不挑剔。摩利鱼喜欢食草，可以选择一些含有植物成分的片状鱼饵。

过滤系统只要使用底部过滤器、顶部过滤器、外挂式过滤器等种类的过滤器就可以了。

月光鱼、剑尾鱼、牡丹鱼适合在45～60cm的水族箱里饲养，而摩利鱼这样的较大型鱼则需要尽量在75cm以上的水族箱里饲养。这些鱼和孔雀鱼一样都喜欢新鲜的水质，所以要尽量定期换水（至少每两周换1/3的水量）。

卵胎生鳉鱼大多是比较温和的鱼种，只要选择体型相同的温和鱼进行混养，不必拘泥于种类。但是剑尾鱼的性格比较暴躁，最好不要和月光鱼或者牡丹鱼混养。

卵胎生鳉鱼对水草没有任何杀伤力，是最适合在用水草造景的水族箱里饲养的观

卵胎生鳉鱼生长在中南美洲及美国南部。作为观赏鱼，多是经过改良的品种，原种很少。

赏鱼。

如果长时间不换水导致水质恶化，会造成热带鱼突然死亡。卵胎生鳉鱼最容易罹患白点病，通过细菌感染也很容易罹患其他疾病。为了预防疾病，需要使用过滤效果极佳的过滤器或者经常换水。

在繁殖方面，卵胎生鳉鱼和孔雀鱼一样，为了防止雌鱼吃掉幼鱼，应该在雌鱼产鱼之前放入产鱼箱进行隔离，或者在水族箱里种植密集的水草给幼鱼制造更多的逃生空间。

红剑
Xiphophorus helleri var.

红剑雄鱼尾鳍下半部分的形状就像一把长剑。是一种比较常见的品种。
●全长：5cm（雄性）、6cm（雌性）●栖息地：改良品种●饲养难度：容易

霓虹剑
Xiphophorus helleri var.

霓虹剑蓝色的剑尾，被认为是原种最接近的鱼种。
●全长：5cm（雄性）、6cm（雌性）●栖息地：改良品种●饲养难度：容易

科氏剑尾
Xiphophorus cortezi

科氏剑尾是原种剑尾鱼的一种，这种鱼进口数量很少，比较难见。
●全长：6cm（雄性）、5cm（雌性）●栖息地：改良品种●饲养难度：容易

中间锯花鳉
Priapella intermedia

中间锯花鳉的眼睛呈蓝色，许多条中间锯花鳉一起游动时色彩艳丽，具有很强的观赏性。每次产鱼数量不多。
●全长：5cm（雄性）、7cm（雌性）●栖息地：改良品种●饲养难度：一般

尖嘴蝶鱼
Belonesox belizanus

尖嘴蝶鱼是食鱼类的卵胎生鳉鱼，捕食比自己体积小的鱼。
●全长：10cm（雄性）、15cm（雌性）●栖息地：墨西哥等地●饲养难度：一般

帆鳍黑玛丽
Poecilia sphenops var.

帆鳍黑玛丽属于黑摩利鱼的改良品种之一。主要食用水族箱内的苔藓。
●全长：4cm（雄性）、6cm（雌性）●栖息地：改良品种●饲养难度：容易

艾氏异仔鳉
Xenotoca eiseni

艾氏异仔鳉体内的幼鱼通过母鱼身上的脐带获取营养，是一种比较珍贵的卵胎生鳉鱼。大约每两月产鱼一次。
●全长：7cm●栖息地：墨西哥●饲养难度：一般

帆鳍花鳉
Poecilia velifera

大型卵胎生鳉鱼中最常见的一种。雄鱼有巨大的背鳍，争斗时会把背鳍全部打开，场面壮观。帆鳍花鳉也有其他的改良品种，有全身金黄色的也有全身银色的。如果在避免日光照射的室内水族箱里饲养，它的后代的背鳍就会逐渐变小，所以一定要把水族箱放在阳光可以照射到的地方。
●全长：12cm●栖息地：墨西哥（尤卡坦半岛）●饲养难度：一般

游曳在布置了水草的水族箱里的月光鱼群。

成群游动时观赏性最强的月光鱼

卵胎生鳉鱼中大多是性格非常温和的鱼种。尤其是月光鱼不仅性格十分温和，而且改良品种的种类繁多，体色艳丽，观赏性很强。在种植了茂密水草的水族箱内饲养月光鱼，再混养少量的其他鱼种就可以营造出一个和平的水中世界。

月光鱼的价格便宜，进口产品主要以月光鱼的杂交品种

为主，即使在热带鱼商店里也会把各种品种的月光鱼放在一起出售。客人可以选好品种让店主捞出，也可以自己捞出喜欢的品种，选出10～20条，放在种满水草的水族箱里饲养观赏。月光鱼的体色艳丽，游曳在绿色的水草间，相映成趣。

日落月光鱼
Xiphophorus maculatus var.
因拥有如夕阳一般美丽的体色而得名。日落月光鱼因体色发亮，成批群游更能增添魅力。
●全长：4cm（雄性）、6cm（雌性）●栖息地：墨西哥等地●饲养难度：容易

更纱月光鱼
Xiphophorus maculatus var.
更纱月光鱼的白色身体上布有黑色的斑点。体色朴素，散发着高雅的美。
●全长：4cm（雄性）、6cm（雌性）●栖息地：改良品种●饲养难度：容易

更纱礼服月光鱼
Xiphophorus maculatus var.
更纱礼服月光鱼的体色为艳丽的橙黑二色搭配。鱼群游动时十分艳丽。
●全长：4cm（雄性）、6cm（雌性）●栖息地：改良品种●饲养难度：容易

高帆黑尾红太阳
Xiphophorus maculatus var.
背鳍发达的珍稀月光鱼，大大的背鳍十分醒目。
●全长：4cm（雄性）、6cm（雌性）●栖息地：改良品种●饲养难度：容易

红月光鱼
Xiphophorus maculatus var.

红月光鱼全身通红,是人气很高的品种。上图左侧是雄鱼,右侧是雌鱼。雌鱼马上就要产幼鱼了。
●全长:4cm(雄性)、6cm(雌性)●栖息地:改良品种●饲养难度:容易

虎腹太阳
Xiphophorus maculatus var.

因体表的条纹与老虎身上的十分相似而得名。这种月光鱼已经有很多新的改良品种。
●全长:4cm(雄性)、6cm(雌性)●栖息地:改良品种●饲养难度:容易

黑尾喷火箭
Xiphophorus maculatus var.

这种月光鱼尾鳍的中央部分明显比两侧长,是比较少见的品种。进口数量很少,难以买到。
●全长:4cm(雄性)、6cm(雌性)●栖息地:改良品种●饲养难度:容易

帆鳍月光鱼
Xiphophorus maculatus var.

帆鳍月光鱼的背鳍较大,与普通月光鱼的外形有较大差别。
●全长:4cm(雄性)、6cm(雌性)●栖息地:改良品种●饲养难度:容易

钢盔月光鱼
Xiphophorus maculatus var.

钢盔月光鱼的名称缘于它的体色就好象带着一个头盔一样,因此而得名。
●全长:4cm(雄性)、6cm(雌性)●栖息地:改良品种●饲养难度:容易

礼服月光鱼
Xiphophorus maculatus var.

礼服月光鱼是体色中灰色部分较少的鱼种。即使同是礼服月光,它们的体色花纹也都不同。
●全长:4cm(雄性)、6cm(雌性)●栖息地:改良品种●饲养难度:容易

蓝月光鱼
Xiphophorus maculatus var.

蓝月光鱼是浑身散发着淡淡的蓝色的品种。它适合与体色艳丽的月光鱼一起混养,这样观赏性会更强。
●全长:4cm(雄性)、6cm(雌性)●栖息地:改良品种●饲养难度:容易

米老鼠月光鱼
Xiphophorus maculatus var.

米老鼠月光鱼由于尾部的花纹像横着的米老鼠图案而得名。
●全长:4cm(雄性)、6cm(雌性)●栖息地:改良品种●饲养难度:容易

牡丹月光鱼
Xiphophorus maculatus var.

牡丹月光鱼是月光鱼与牡丹鱼的杂交品种。根据光线的照射角度会呈现出不同的体色。
●全长:4cm(雄性)、6cm(雌性)●栖息地:改良品种●饲养难度:容易

礼服牡丹鱼
Xiphophorus variatus var.

礼服牡丹鱼是牡丹鱼的改良品种之一,牡丹鱼可以与许多种鱼交配形成新的品种。
●全长:4cm(雄性)、6cm(雌性)●栖息地:改良品种●饲养难度:容易

大帆鸳鸯
Xiphophorus variatus var.

普通牡丹鱼的变种,牡丹鱼自身的变种种类也很多。
●全长:4cm(雄性)、6cm(雌性)●栖息地:改良品种●饲养难度:容易

高鳍牡丹鱼
Xiphophorus variatus var.

高鳍牡丹鱼的背鳍发达,是牡丹鱼的改良品种之一。在热带鱼商店里比较常见。
●全长:4cm(雄性)、6cm(雌性)●栖息地:改良品种●饲养难度:容易

南美洲加拉辛
South American Characin

南美洲加拉辛是加拉辛科种数量最庞大的一种热带鱼，主要分布在南美洲州一带。南美洲加拉辛的特征是口中长有牙齿，尾柄上都生有1个小小的脂鳍（也有例外）。

东南亚饲养的加拉辛鱼有一部分没有鳃盖，这类鱼不适宜观赏，购买的时候要注意。

南美洲加拉辛喜欢生活在弱酸性软水到偏硬水之间的水质环境中。食人鱼或巨脂鲤这样的大型鱼大多对水质具有极强的适应力，在弱碱性的中硬水中（可以在水族箱底部铺上沙粒或在过滤器内加入珊瑚沙来改变水质）就能进行饲养。

南美洲加拉辛鱼对鱼饵并不挑剔，几乎什么都吃。它也喜欢食用人工饲料的片状鱼饵，但是如果一次放入太多容易造成水质污染，最好根据它们的食用情况分批投放鱼饵。

一般来说，鱼类都有一个特性就是会把投入的鱼饵全部吃掉，这是因为在长期的自然生长状态下它们通常不知道什么时候可以再次捕食到猎物，为了生存就养成了一次把鱼饵吃光的习惯。喂养在水族箱里的鱼类更要注意，如果一次投入的鱼饵过多不仅影响观赏鱼的健康还会影响水质，所以一定要注意克制不要一次投入太多鱼饵。

饲养小型加拉辛鱼对过滤器没有任何要求。小型加拉辛身体较小，不易污染水质。只要饲养的数量不多，保证定期换水，使用小型过滤器就可以了。换水频率最好是每两周换1/3～1/4的水量。换水前先把新水取好后放上1～3天，使其水温尽量接近水族箱的水温后再倒入水族箱。

水族箱应该尽量选择稍微大一些的，如果是饲养3～4cm的鱼可以选用30cm的水族箱。但是小型加拉辛是可以多种混养的鱼种，还是建议爱好者选择大概60cm的水族箱同时饲养多种进行观赏最好。

宝莲灯、食人鱼等许多种加拉辛都分布在南美洲大陆。

霓虹灯鱼
Paracheirodon innesi

霓虹灯鱼的体色由红蓝二色构成，非常受欢迎。最好在60cm的水族箱里饲养10～20条。
●全长：3cm●栖息地：亚马孙河●饲养难度：容易

金色霓虹灯鱼
Paracheirodon innesi

霓虹灯鱼在东南亚地区的改良品种。它身上的淡蓝色部分泛着淡淡的银光。
●全长：3cm●栖息地：亚马孙河●饲养难度：容易

白子宝莲灯鱼
Paracheirodon axelrodi var.

宝莲灯的白子种，它的出现缘于宝莲灯鱼的一次基因突变。
●全长：3～4cm●栖息地：亚马孙河●饲养难度：容易

珍珠灯鱼
Poecilocharax weitzmani

珍珠灯的体积很小，但是鳍很发达，全身体色艳丽。与其他鱼种混养时，如果抢不到鱼饵容易饿死，最好是单独饲养。
●全长：3cm●栖息地：亚马孙河●饲养难度：容易

血钻路比灯鱼
Axelrodia sp.

尾鳍根部有略带红色的金色光线闪烁。混杂在其他的宝莲灯鱼类中进口。
●全长：3cm●栖息地：亚马孙河、巴西尼格罗水系●饲养难度：容易

帝王灯鱼
Nematobrycon palmeri

成熟的帝王灯鱼雄鱼尾部呈延伸的叉状。体色漂亮。但是帝王灯鱼有很强的领土意识，不适合群养。
●全长：5cm●栖息地：哥伦比亚●饲养难度：一般

彩虹帝王灯
Nematobrycon lacortei

彩虹帝王灯是帝王灯的近支，但是体色更加艳丽，尤其是和帝王灯鱼一样，领土意识也很强。成鱼在饲养状态良好的情况下体色逐渐呈现，适合在水草种植茂密的水族箱里饲养。
●全长：5cm●栖息地：哥伦比亚●饲养难度：一般

宝莲灯
Paracheirodon axelrodi

宝莲灯与霓虹灯有些相似，但是宝莲灯的体色更加鲜艳。在种满水草的水族箱内群养时，与水草的颜色相互映衬，色彩非常鲜艳。宝莲灯是热带鱼中最受欢迎的三大鱼种之一。
●全长：3~4cm●栖息地：亚马孙河●饲养难度：容易

绿莲灯
Paracheirodon simulans

绿莲灯与宝莲灯有些相像，在体侧泛着蓝色的光芒，看上去有些淡淡的绿色。
●全长：3cm●栖息地：亚马孙河●饲养难度：容易

星大胸斧鱼
Thoracocharax stellatus

属于大型胸腹鱼。进口时每条大小仅为3～5cm，随着饲养成熟大概能够长到8cm。
●全长：8cm●栖息地：亚马孙河●饲养难度：容易

胸腹鱼
Gasteropelecus sternicla

胸腹鱼类的代表品种。有很多胸腹鱼因为跃出水面而被晒死。极难繁殖。
●全长：6cm●栖息地：亚马孙河●饲养难度：容易

迷你燕子鱼
Carnegiella schereri

小型的胸腹鱼。饲养这类鱼时，因跳出水族箱外干死的数量远大于生病死亡的数量。因此饲养者要注意盖好水族箱的盖子，不要留有缝隙。
●全长：4cm●栖息地：亚马孙河●饲养难度：容易

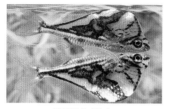

黑间燕子鱼
Carnegiella strigata fasciata

体色花纹很美的燕子鱼。喜欢和同类一起游泳。60cm的水族箱内可以养5～10条。
●全长：4cm●栖息地：亚马孙河●饲养难度：容易

黄燕子鱼
Carnegiella strigata strigata

属于燕子鱼的一种，只是体色花纹稍有不同，喜欢吃粉状鱼饵。
●全长：4cm●栖息地：亚马孙河●饲养难度：容易

火兔灯鱼
Aphyocharax rathbuni

一种性格十分活泼的小型加拉辛鱼。身体状态好的火兔灯全身呈绿色，各个鱼鳍上的白色和红色部分更加鲜艳。
●全长：4cm●栖息地：亚马孙河巴拉圭水系
●饲养难度：容易

溅水鱼
Copella arnoldi

溅水鱼喜欢把卵产在水面的浮游植物的树叶上，是一种聪明的加拉辛鱼。喜欢跃出水面，饲养时必须盖好水族箱的盖子。
●全长：8cm●栖息地：亚马孙河●饲养难度：容易

神风灯鱼
Gnathocharax steindachneri

神风灯有着红红的大眼睛和大嘴巴。因为长得像传说中的龙鱼而得名，属于进口品种。
●全长：6cm●栖息地：亚马孙河●饲养难度：容易

梦幻旗鱼
Hyphessobrycon takasei

属于小型加拉辛，特点是在鳃盖的后部有一块大大的黑色斑纹。属于进口珍稀品种。
●全长：4cm●栖息地：亚马孙河●饲养难度：容易

红头剪刀鱼
Hemigrammus bleheri

因其头部为红色而得名，是十分受欢迎的小型加拉辛鱼。头部红色越艳丽证明鱼的身体状态越好。最好同时饲养10条以上。
●全长：4cm●栖息地：亚马孙河●饲养难度：容易

红鼻灯鱼
Hemigrammus rhodostomus

红鼻灯与红头剪刀很相似，但这一品种的头部只有局部是红色。进口数量不多。
●全长：4cm●栖息地：亚马孙河●饲养难度：一般

喷火灯鱼
Hyphessobrycon amandae

一种小型的加拉辛鱼。体积小，色彩艳丽，适合在种植水草的水族箱内饲养。
●全长：2cm●栖息地：亚马孙河●饲养难度：容易

游曳在茂密水草间的宝莲灯和红鼻灯。

龙王灯鱼
Corynopoma riisei

雄性龙王灯在向雌性求爱时，会从鳃盖后方伸出一条长长的像胡须一样的器官。
●全长：6cm●栖息地：哥伦比亚、委内瑞拉
●饲养难度：容易

美国扯旗鱼
Hasemania nana

美国扯旗鱼体色呈深橙色，在水族箱内非常醒目。如果同一品种之间相互争斗会张开鱼鳍。
●全长：4cm●栖息地：亚马孙河●饲养难度：容易

蓝灯鱼
Boehlkea fredcochui

因体色呈蓝色而得名，性格十分活泼，略显粗暴。最好不要和性格温和的鱼一同饲养。
●全长：5cm●栖息地：亚马孙河●饲养难度：容易

搏氏企鹅鱼
Thayeria boehlkei

因游泳的姿态与企鹅相似而得名。遇到攻击时游泳的姿态就会和其他鱼类相同。
●全长：5cm●栖息地：亚马孙河●饲养难度：容易

企鹅鱼
Thayeria obliqua

企鹅鱼与搏氏企鹅鱼很像，只不过体侧的黑线要比搏氏企鹅鱼短很多。性格暴躁。
●全长：7cm●栖息地：亚马孙河●饲养难度：容易

一点红鱼
Hemigrammus stictus

尾鳍根部呈红色，与其他品种一同进口，属于珍惜加拉辛鱼。侵蚀水草。
●全长：4cm●栖息地：亚马孙河●饲养难度：容易

哥伦比亚梅塔灯
Moenkhausia pittieri

很早以前就很受欢迎的美型南美洲小型加拉辛鱼。侧线下方呈黑色，眼睛上方呈红色，尾鳍根部位置有一小部分呈金色，十分美丽。虽然不是体色艳丽的鱼种，但是群游时可以营造出非常美丽的水景。
●全长：4cm●栖息地：亚马孙河●饲养难度：容易

钻石灯
Moenkhausia pittieri

成年钻石灯体侧一部分的鱼鳞闪烁像像钻石一样的光芒。雄鱼的每个鱼鳍都很发达，发情期成年雄鱼相互争斗时场面非常壮观。易繁殖。
●全长：4~5cm●栖息地：亚马孙河●饲养难度：容易

玻璃扯旗
Pristella maxillaris

很早以前就已经很有名。此行比雄性大一圈。
●全长：3~4cm●栖息地：亚马孙河●饲养难度：容易

红灯管
Hemigrammus erythrozonus

因体侧有一条细细的红线而得名。适合10~20条群游饲养。
●全长：3cm●栖息地：圭亚那●饲养难度：容易

红尾玻璃
Prionobrama filigere

红尾玻璃除了内脏以外，身体其他部分全是透明的。尾鳍呈红色，给人感觉很清爽。
●全长：5cm●栖息地：亚马孙河●饲养难度：容易

黑裙鱼
Gymnocorymbusternetzi

黑裙鱼的体态十分可爱，幼鱼更加招人喜爱。可以在种植水草的水族箱内自然繁殖。
●全长：6cm●栖息地：亚马孙河●饲养难度：容易

红心大钩
Hyphessobrycon erythrostigma

红心大钩鳃盖后方有一个小小的红点，属于小型加拉辛鱼中体积较大的鱼种。
●全长：7cm●栖息地：亚马孙河●饲养难度：容易

黑间跳鲈
Characidium sp.

游泳时的形态近似于爬行。性格温和。在有水草造景的水族箱内可饲养数条。
●全长：5cm●栖息地：亚马孙河●饲养难度：容易

黄扯旗鱼
Pristella maxillaris

玻璃扯旗的一种，身上散发着金黄色的光，是十分珍贵的品种。因体色金黄给人以豪华的感觉。
●全长：3~4cm●栖息地：亚马孙河●饲养难度：容易

公主灯
Hemigrammus ulreyi

公主灯因其优雅的体型与高雅的体色完美搭配而得名。此品种可以单独进口。
●全长：5cm●栖息地：亚马孙河巴拉圭水系●饲养难度：容易

金线灯
Hemigrammus hyanuary

豚形半线脂鲤的别名。尾鳍根部有黑色斑块、身体散发着金色光芒，给人印象深刻。
●全长：4cm●栖息地：哥伦比亚●饲养难度：容易

新大钩扯旗
Hyphessobrycon socolofi

因为体型和红心大钩比较相像，也有人称之为假红心大钩。体态比红心大钩更圆。
●全长：5cm●栖息地：亚马孙河●饲养难度：容易

黄金灯
Hemigrammus rodwayi

因浑身长满金色的鳞片而得名。进口数量较多，比较常见。但是，一旦开始饲养，就会发现黄金灯的鳞片好像不断脱落一样，金色逐渐褪去。
●全长：4cm●栖息地：亚马孙河●饲养难度：容易

红衣梦幻旗
Hyphessobrycon sweglesi

全身体色呈深橘色，属于比较受欢迎的南美洲小型加拉辛鱼。可以在有水草造景的箱内饲养5~10条。根据鱼苗的采集地不同，体色的鲜艳程度会有差别。有一种特殊鱼种的红衣梦幻旗最为优美。难以繁殖。
●全长：4cm●栖息地：亚马孙河●饲养难度：容易

黑影灯
Hyphessobrycon megalopterus

黑影灯雄鱼体色呈黑色，非常优美。体色朴素，但是在水草的映衬下却十分夺目。进口黑影灯大多为东南亚饲养品种，进口时常会出现鳃盖缺失的个体。购买的时候要注意。
●全长：4cm●栖息地：亚马孙河●饲养难度：容易

红旗鱼
Hyphessobrycon callistus callistus

红旗鱼的身体呈红色，到了发情期红色会更加艳丽，是十分流行的一种。最好在有水草的水族箱里群游。
●全长：4cm●栖息地：亚马孙河
●饲养难度：容易

黄金红旗鱼
Hyphessobrycon callistus callistus

身体上附着着发光菌类的红旗灯，十分珍贵。进口数量稀少。
●全长：4cm●栖息地：亚马孙河
●饲养难度：容易

柠檬灯
Hyphessobrycon pulchripinnis

体积稍大的小型加拉辛鱼。浑身都呈淡黄色。可以在有水草造景的水族箱内群游5条以上。
●全长：4cm●栖息地：亚马孙河
●饲养难度：容易

大帆灯
Crenuchus spilurus

大帆灯的背鳍十分发达。特别是雄鱼的背鳍更甚。性格稍有忧郁。
●全长：6cm●栖息地：亚马孙河
●饲养难度：容易

黑线灯
Hyphessobrycon sholzei

黑线灯身体结实，喜欢群游。在水草造景的水族箱内饲养5~10条以上。
●全长：4cm●栖息地：亚马孙河
●饲养难度：容易

头尾灯
Hemigrammus ocellifer

因眼部和尾鳍根部有金属光泽而得名。价格低廉、易繁殖。
●全长：4cm●栖息地：亚马孙河●饲养难度：容易

美丽灯
Hemigrammus pulcher

美丽灯价格低廉，如果身体状态好就会呈现出优美的体色。又名丽半线。
●全长：3~4cm●栖息地：亚马孙河●饲养难度：容易

银屏灯
Moenkhausia sanctaefilomenae

银屏灯的眼睛又红又大，尾鳍根部有黑色条带。喜欢侵食水草。
●全长：6cm●栖息地：亚马孙河
●饲养难度：容易

一线铅笔鱼
Nannobrycon unifasciatus

一线铅笔鱼体侧有一条黑线。体色朴素，适合群养，与水草映衬观赏性非常强。喜食水草叶边生长的胡须状苔藓。
●全长：5cm●栖息地：亚马孙河●饲养难度：容易

五点铅笔鱼
Nannostomus espei

因体侧规则排列着5条黑斑而得名。进口数量很少，因而价格偏高。喜欢群游，一次最少要买5条以上，适合在水草较繁盛的水族箱内饲养。
●全长：4cm●栖息地：亚马孙河●饲养难度：容易

短铅笔鱼
Nannostomus marginatus

短铅笔鱼体态较小，在体侧均匀分布有3条黑线，适合小数量群游。
●全长：3cm●栖息地：圭亚那、苏里南共和国、哥伦比亚●饲养难度：一般

三带铅笔鱼
Nannostomus trifasciatus

三带铅笔鱼身体上有3条纵线。游泳的时候身体通常会向上倾斜。三带铅笔鱼的嘴比较小，最好喂养一些细小的鱼饵。
●全长：5cm●栖息地：亚马孙河●饲养难度：容易

管口铅笔鱼
Nannostomus eques

细长的身体上有一条黑色粗线。很早以前就已经引进了的品种。性格温和适合混养。
●全长：5cm●栖息地：亚马孙河●饲养难度：容易

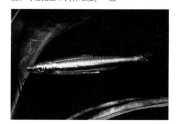

哈氏铅笔鱼
Nannostomus harrisoni

细长的身体上有一条细线，给人感觉十分精悍。进口数量少，分季节进口。
●全长：7cm●栖息地：亚马孙河●饲养难度：容易

哥伦比亚灯
学名不详

哥伦比亚灯有一定的体量，身体呈淡淡的金属蓝色，尾鳍、臀鳍都呈红色。易繁殖。
●全长：5cm●栖息地：哥伦比亚●饲养难度：一般

火焰灯
Hyphessobrycon flammeus

火焰灯的身体状态良好时，沿着身体四周会呈鲜艳的红色。尤其是尾鳍和臀鳍的红色更加鲜艳。
●全长：3cm●栖息地：亚马孙河●饲养难度：一般

金旗
Hyphessobrycon roseus

别名黄旗。体色偏朴素，如果饲养状态好身体后半部分的颜色会变得十分鲜艳。
●全长：3cm●栖息地：圭亚那●饲养难度：一般

黄灯
Hyphessobrycon bifasciatus

属于黄金灯的同类，因为身体上也附着有金黄色的菌类而得名。红色的鱼鳍与金黄色的身体相搭配，给人以豪华的印象。
●全长：6cm●栖息地：亚马孙河●饲养难度：容易

大帆月光灯
学名不详

背鳍、臀鳍十分发达的小型加拉辛鱼。体色朴素，游泳时扇动着大大的鱼鳍，姿势十分动人。
●全长：3cm●栖息地：亚马孙河●饲养难度：容易

由于身体上附着有发光的菌类，所以身体全部呈金黄色，经常同一种群成批进口。

黑莲灯
Hyphessobrycon herbertaxelrodi

黑莲灯的体色朴素、优雅，适合与宝莲灯这样体色艳丽的鱼混养。
●全长：3~4cm●栖息地：亚马孙河●饲养难度：容易

三点灯
Vesicatrus tegatus

三点灯的透明身体上有两个黑点，和眼睛并排成为三点，因此而得名。
●全长：7cm●栖息地：亚马孙河●饲养难度：容易

墨西哥盲鱼
Astyanax (Anoptichthys) mexicanus

由于这种鱼喜欢在漆黑的洞穴中繁殖，眼睛已经完全退化，所以侧线功能发达，可以轻易捕捉到鱼饵。
●全长：8cm●栖息地：墨西哥●饲养难度：容易

粉红旗鱼
Hyphessobrycon robert

粉红旗鱼随着发情成熟，背鳍和臀鳍逐渐发达。和玫瑰鳍鱼一样都喜欢争斗。
●全长：6cm●栖息地：亚马孙河●饲养难度：容易

玫瑰旗鱼
Hyphessobrycon bentosi rosaceus

玫瑰旗鱼发情时浑身通红，经常进行争斗。最好同时饲养5条以上。
●全长：4cm●栖息地：亚马孙河●饲养难度：容易

蓝玫瑰旗
Hyphessobrycon sp.

体态与玫瑰旗鱼相似，鳃盖后方有着淡淡的蓝色。性格好斗。
●全长：6cm●栖息地：亚马孙河●饲养难度：容易

红尾金排骨
Acestrorhynchus falcatus

全身呈流线型，所以捕食猎物速度快。由于嘴部过于突出容易撞破，最好使用较宽敞的水族箱。
●全长：25cm●栖息地：亚马孙河●饲养难度：容易

黑尾企鹅
Hemiodopsis semitaeniatus

性格活泼，喜欢游泳的中型加拉辛鱼。数条同时饲养时，性格更加活泼喜欢游动，因此必须用大型水族箱饲养。
●全长：15cm●栖息地：亚马孙河●饲养难度：容易

红尾大企鹅
Hemiodopsis gracilis

属于脂鲤的一种，但是尾部下方呈红色。很少进口。性格温和适合混养。需要在大型水族箱内饲养。
●全长：15cm●栖息地：亚马孙河●饲养难度：容易

大型红铅笔
Anostomus anostomus

红色的鱼鳍与身上的竖纹给人印象深刻。因为体色艳丽，放入水族箱内一时难以适应，不适合混养。
●全长：20cm●栖息地：亚马孙河●饲养难度：容易

黄金河虎
Salminus maxillosus

全身体色呈金色的大型加拉辛鱼。进口数量稀少。在室内饲养易褪色。
●全长：100cm●栖息地：亚马孙河●饲养难度：容易

银元
Tetragonopterus argenteus

与体型的比例相比，眼睛较大的脂鲤。偶尔进口，数量不多。身体相当结实。
●全长：10cm●栖息地：亚马孙河拉普拉塔水系●饲养难度：一般

达摩暴牙
Hydrolycus sp.

比较容易购买到的小型暴牙类，头部较大偏圆，能够让人联想到达摩佛祖，因此而得名。
●全长：30cm●栖息地：亚马孙河●饲养难度：一般

大眼暴牙
学名不详

给人印象最深的应该是它的大眼睛。长着非常发达的尖牙齿，喜欢捕食小鱼。
●全长：30cm●栖息地：亚马孙河●饲养难度：一般

红尾大暴牙
Hydrolycus sp.

经常以小鱼为猎物的大型加拉辛鱼。下颚有两颗尖牙，因此而得名。牙齿会经常脱换。
●全长：50cm●栖息地：亚马孙河●饲养难度：一般

鹿齿鱼
Exodon paradoxus

鹿齿鱼有着艳丽的体色和优美的花纹。这种加拉辛鱼的食性会发生变化，以其他鱼的鱼鳞为食。这种鱼见到猎物就会用头部撞击对方的身体，然后掉过头来直接吞食对方被撞掉的鱼鳞。鱼鳞的主要成分蛋白质是由胶原蛋白和钙组成的，营养非常丰富。如果饲养则需要用活饵（赤虫）或冷冻赤虫喂养，在习惯后也可以食用干燥鱼饵。
●全长：15cm●栖息地：亚马孙河●饲养难度：一般

飞凤鱼
Semaprochilodus taeniurus

飞凤鱼的鱼鳍艳丽，是非常受欢迎的大型加拉辛鱼。飞凤鱼的嘴部构造呈吸盘状，喜食苔藓和植物鱼饵。在多种鱼混养时，大多选择此鱼种清洁水族箱。因其鱼鳍优美、体型优雅而深受广大热带鱼爱好者的欢迎。性格温和，偶尔同种之间也会发生激烈争斗，但是不影响和其他鱼种的混养。在争斗过程中鱼鳍易受伤。
●全长：20cm ●栖息地：亚马孙河 ●饲养难度：容易

美国九间鱼
Leporinus affinis

因其黄色的身体以及大胆的黑色条纹而受到欢迎，性格凶悍，喜欢欺负弱小鱼种。
●全长：30cm ●栖息地：亚马孙河 ●饲养难度：容易

假美国九间鱼
Leporinus desmotes

假美国九间鱼与美国九间鱼十分相像。性格凶悍无法与其他鱼相处。
●全长：30cm ●栖息地：亚马孙河 ●饲养难度：容易

一线骑士
Leporinus nigrotaeniatus

中型加拉辛的一种。属杂食类。性格凶悍，宜与同样凶悍的鱼种混养。
●全长：30cm ●栖息地：亚马孙河 ●饲养难度：容易

飞凤火箭
Boulengerella maculata

一种体型精巧的食肉鱼，以比自己体积小的鱼为食。饲养时可以小活饵饲养，习惯后也可以食用干鱼饵。
●全长：40cm ●栖息地：亚马孙河 ●饲养难度：容易

红尾金平克
Chalceus erythrurus

属大型加拉辛鱼种，身体呈金属银色，尾鳍呈红色。同种类之间争斗较多，最好不要同时饲养过多。
●全长：30cm ●栖息地：亚马孙河 ●饲养难度：一般

粗鳞红尾平克
Chalceus erythrurus

尾鳍呈红色、臀鳍为黄色的中型加拉辛鱼。经常少量进口。不易与同类或者近种鱼类相处。
●全长：30cm ●栖息地：亚马孙河 ●饲养难度：一般

水虎鱼
Serrasalmus rhombeus

水虎鱼是最大型食人鲳鱼。身体宽厚、最大可以长到橄榄球大小。只要花时间就可以长得很大。
●全长：50cm●栖息地：亚马孙河●饲养难度：容易

印第安武士
Serrasalmus geryi

从头部到背部有一条红色粗线，是一种十分受欢迎的食人鲳。进口数量少。
●全长：30cm●栖息地：亚马孙河●饲养难度：容易

辛古水虎
Serrasalmus humeralis

鳃盖成鲜艳的橘红色，鳃盖后方有一块较大的黑斑。十分受欢迎。进口数量少。
●全长：25~30cm●栖息地：申谷河●饲养难度：容易

食人鱼
Serrasalmus sp.

鳃盖呈淡淡的橙色，鳃盖后方有大块黑斑。身体较大呈圆形。
●全长：25~30cm●栖息地：申谷河●饲养难度：容易

黑黄水虎
Serrasalmus sp.

眼睛呈鲜艳的红色，金属般银色的身体上夹杂着黑色和黄色。进口数量不多。
●全长：30cm●栖息地：亚马孙河●饲养难度：容易

黑艾伦水虎鱼
Serrasalmus elongatus

身体细长、进口数量少、难于购买。喜食活饵。
●全长：30cm●栖息地：亚马孙河●饲养难度：容易

红肚水虎鱼
Pygocentrus nattereri

食人鱼中最受欢迎的一种。红肚水虎鱼身体结实，极易饲养。另外，如果鱼饵不足，红肚水虎鱼就会残杀同类，所以最好定期喂饵。如果想使鱼腹的红色更加鲜艳可以喂食一些干燥小虾之类的鱼饵，坚持喂食就可以使鳃盖下方到腹部全部呈现出红色。
●全长：25~30cm●栖息地：亚马孙河●饲养难度：容易

幼鱼（全长约3cm）

红艾伦水虎
Serrasalmus elongatus

属于身体细长的水虎鱼。从嘴部下方到鳃盖呈血红色。进口数量极少。通常认为它属于艾伦水虎的变种之一，当然也有可能是其他品种。水虎鱼因为性格凶猛，通常需要单独饲养，一个水族箱内只饲养一条。如果把体型大体相同的水虎鱼从幼鱼开始就一起饲养，那么成鱼也可能和平共处。但是，并不能防止它们互相争斗。

●全长：30cm●栖息地：亚马孙河●饲养难度：容易

胭脂水虎
Pygocentrus piraya

水虎鱼爱好者公认的最大且最强的水虎鱼种。体型较大颜色呈鲜艳的黄色。

●全长：50cm以上●栖息地：亚马孙河●饲养难度：容易

红勾丁
Myleus rubripinnis

红勾丁的身体呈银白色，臀鳍呈红色，食草。最好不要在饲养水草的水族箱内饲养，但是能够和其他鱼种和平共处。

●全长：15cm●栖息地：亚马孙河●饲养难度：容易

银鲳鱼
Metynnis hypsauchen

身体呈单一的银白色，有一种朴素的美。食草，不宜在种植水草的水族箱内饲养。可以使用任何鱼饵喂养。

●全长：15cm●栖息地：亚马孙河●饲养难度：容易

红银板
Colossoma brachypomum

食人鱼的近支，牙齿并不锋利，但是足以撕裂植物种子的坚实外壳。鱼肉味道鲜美。

●全长：40cm●栖息地：亚马孙河●饲养难度：容易

黑银板
Colossoma macropomum

与红银板不同，黑银板的幼鱼身体下半部呈黑色。长大后体型逐渐与红银板相接近，但是黑银板的身体更大一些。

●全长：60cm●栖息地：亚马孙河●饲养难度：容易

黑带银板
Metynnis sp.

体侧具有用毛笔画上的墨斑。偶尔进口。如果身体状况良好，身体前半部分的红色会更加鲜艳。

●全长：15cm●栖息地：亚马孙河●饲养难度：容易

非洲加拉辛
African Characin

　　进口加拉辛鱼中,南美洲加拉辛的数量占了大半,除此以外还有一部分非洲加拉辛鱼。非洲加拉辛鱼虽然数量不多,但是有很多漂亮的品种,因此也会定期进口。在此介绍一些非洲的加拉辛鱼,也许今后就会有人进口本书中介绍的品种呢。

　　非洲产的加拉辛大多为淡水鱼,因此最好采用弱酸性的软质水来饲养,马拉维湖产的慈鲷鱼就不用像坦噶尼喀湖的慈鲷鱼那样必须使用弱碱性的水质。

　　非洲加拉辛鱼中的大型鱼如短鼻六间的寿命非常长,可以活20年。

生活在非洲西部河流(刚果河)中的非洲加拉辛鱼。

条纹矮脂鲤
Nannocharax fasciatus

与南美洲产的加拉辛鱼外观相似,性格温和容易饲养。
●全长:6~8cm●栖息地:加蓬、尼日利亚●饲养难度:容易

非洲月球灯
Bathyaethiops caudomaculatus

非洲月球灯背鳍前部呈红色,中等体型。适宜群游观赏。要尽可能创造良好的水质环境进行饲养。
●全长:7cm●栖息地:刚果河●饲养难度:容易

短鼻六间
Distichodus sexfasciatus

大型加拉辛,寿命长,认真饲养的话可以活20年以上。喜同种互斗。
●全长:40~50cm●栖息地:刚果河●饲养难度:容易

刚果旗
Phenacogrammus interruptus

非洲加拉辛鱼代表品种。雄鱼的尾鳍中央部位比较发达,形状不规则。喜欢群游。
●全长:10~15cm●栖息地:刚果河●饲养难度:容易

短笔灯
Neolebias ansorgii

进口数量较少的小型非洲加拉辛。要尽量在清洁的弱酸性软水中饲养。
●全长:3cm●栖息地:喀麦隆、安哥拉●饲养难度:较难

埃及珪脂鲤
Brycinus nurse

进口数量较少的非洲产中型加拉辛。适合在大水族箱里饲养。喜食水草。
●全长:25cm●栖息地:刚果河●饲养难度:容易

黄金猛鱼
Hydrocynus goliath

非洲虎鱼的近亲品种。体型较大。进口
数量极少，大多在进口非洲虎鱼时顺便
进口一些。
●全长：150cm●栖息地：非洲●饲养难度：一
般

非洲猛鱼
Hydrocynus vittatus

非洲猛鱼牙齿锋利，属大型加拉辛鱼。喜食鱼，一般是对猎物发动袭击后食用。游泳
速度很快，容易撞到水族箱壁撞坏嘴部。最好使用大型水族箱饲养。
●全长：60cm●栖息地：西非●饲养难度：一般

钻石火箭
Hepsetus odoe

非洲火箭鱼的一种。以小鱼为食。性格
怯懦。
●全长：30cm●栖息地：非洲●饲养难度：容
易

单线非洲灯鱼
Nannaethiops unitaeniatus

体形消瘦的非洲小型加拉辛鱼。身体状
态良好时尾鳍根部呈橘黄色。
●全长：2.5cm●栖息地：西非●饲养难度：较
难

安东尼灯鱼
Lepidarchus adonis

体型优美，属小型加拉辛鱼。喜欢同种
群游并生活在自己适应的水质中。
●全长：2.5cm●栖息地：西非●饲养难度：较
难

尼日尔灯鱼
Arnoldichthys spilopterus

眼睛上半部分呈红色的中型加拉辛鱼。
体侧的鳞片较大，光泽鲜艳。体色并不
艳丽色泽高雅的优美鱼种。
●全长：10cm●栖息地：尼日尔河●饲养难
度：容易

黄刚果灯鱼
Hemigrammopetersius caudalis

体型与刚果灯鱼相似，色彩较淡。体色
朴素，是深受加拉辛鱼爱好者欢迎的品
种。
●全长：3~4cm●栖息地：刚果●饲养难度：
容易

毕加索灯鱼
Ladigesia roloffi

非洲产的小型加拉辛，体色优美。喜欢
在有水草造景的水族箱内群游。一次进
口数量不多，但是进口频率较高。
●全长：3cm●栖息地：塞拉利昂●饲养难度：
容易

体色优美的群游金三角灯。

热带鲤科与鳅科
Tropical Carp & Loach

它们是鲤鱼和泥鳅的一种。这二者之间属近缘关系，从古代开始就有很相近的鱼种。大多不吃水草，有很多漂亮又可爱的鱼种，很受欢迎。价格大多很便宜，所以与其同时样很多种，不如减少饲养种类，增加每种的数量。喜欢同种群游，容易保持水族箱内的清洁。

最好使用中性到弱酸性的软质水。波鱼属的鱼类大多喜欢弱酸性到强酸性软质水，可以使用水质调节剂或者泥炭藓来调整水质酸性，在过滤器内加入泥炭藓来调整水质是最好的方法。尤其是波鱼属的鱼

类，在水质适当的情况下体色会变得非常艳丽。希望各位用心饲养，认真体会它的美。

鲤鱼和鳅科的鱼类，对鱼饵没有特殊偏好，易饲养。但是，如果喂养太多的鱼饵鱼类容易发胖，会丧失掉原有的美感，所以最好控制一下鱼饵的投放量。

这种鱼大多身体结实，对过滤器没有特殊要求。如果水族箱内没有水草造景，最好使用外部过滤器或者水中投入式过滤器、外挂式过滤器等。

根据饲养的鱼种不同，可以选择相应的水族箱，只要是30cm以上的水族箱就可以。但

鲤科鱼类主要从东南亚进口。

是，如果饲养大型鱼种则至少需要60cm的水族箱，最好使用90cm的水族箱饲养。

除了波鱼属的鱼种比较娇气以外，大多鱼种都比较结实，可以每2~4周换一次水，每次换1/3的水量。但是，如果饲养的鱼的数量较多，最好增加换水次数。

五线鲫
Puntius joholensis

使身体强壮易饲养的鱼种。群游时，身体上的条纹一致向同一方向移动，非常醒目。适合混养。
●全长：9cm●栖息地：改良品种●饲养难度：容易

钻石霓虹
Puntius sp.

钻石霓虹从体侧到尾鳍的颜色鲜艳，魅力十足。背鳍和臀鳍略带黄色，非常漂亮。放入水族箱后，一旦适应了周围环境，身上的体色会更加艳丽。尤其是处于发情期的雄鱼的体色更是夺目。容易购买，性格急躁，喜同种争斗。
●全长：6cm●栖息地：改良品种或原种不明●饲养难度：容易

黄金条鱼
Puntius semifasciolatus var.

黄金条鱼体色优美，体积较小，身体结实易饲养。性格温和喜群游。
●全长：5cm●栖息地：改良品种或原种不明
●饲养难度：容易

五带鲫鱼
Puntius pentazona johorensis

与虎皮鱼很相似的小鲃鱼。性格温和适合混养。
●全长：5cm●栖息地：马来西亚等地●饲养难度：容易

咖啡鱼
Puntius pentazona rhomboocellatus

五带无须鲃鱼的近支，体侧有像甜甜圈一样独特的花纹。身体状态良好的情况下全身呈通红色。
●全长：10cm●栖息地：婆罗洲●饲养难度：容易

红玫瑰鲫鱼
Puntius titteya

发情的时候雄鱼全身呈赤红色。这种鱼在东南亚大量饲养，因此价格较便宜。即使很便宜的价格也可以买到很漂亮的鱼。雌鱼体色与雄鱼不太相同，身上只有少量的红色。基本上不伤害水草，最适合在水草造景的水族箱内饲养。在60cm左右的水族箱内饲养5~10条，十分醒目。
●全长：3cm●栖息地：东南亚（斯里兰卡）
●饲养难度：容易

由于此鱼种大多性格温和，混养最好选择同一属的大小差不多的鱼种，或者是性格温和的加拉辛鱼、鼠鱼。

鲤科鱼类大多像波鱼一样不伤害水草，但是也有不少像小鲃鱼一样侵食水草的鱼种。这些鱼种对水草的伤害较大，可以多种植一些叶子坚实的水草品种。另外，密集种植一些叶子柔软的水草，也可以减少其对其他水草的侵食。

唐鱼
Tanichthys albonubes

实际上是亚热带鱼，但是经常被人们当作热带鱼。它也可以适应水温较低的环境。体色优美，受人欢迎。
●全长：4cm●栖息地：中国广东省●饲养难度：容易

长鳍唐鱼
Tanichthys albonubes var.

各个红色鱼鳍变长的唐鱼改良品种。也可以适应较低的水温。鱼鳍张开后非常美丽，因此十分受欢迎。
●全长：5cm●栖息地：改良品种●饲养难度：容易

黄宝石鲫鱼
Puntius gerius

身上有横条纹，体型较小。体色朴素，但却具有让人无法忘记的魅力。适合在有水草造景的水族箱内饲养。
●全长：4cm●栖息地：印度●饲养难度：容易

皇冠鲫鱼
Puntius everetti

体色中带有红色，身体上有黑色的斑纹。适合混养。
●全长：10cm●栖息地：印度尼西亚、马来西亚等地●饲养难度：容易

虎皮鱼
Puntius tetrazona

身体结实、易繁殖。喜欢游泳，尽量在大一些的水族箱内饲养10条以上，这样才能发挥出此种鱼的魅力。也有很多改良品种。雌鱼红色腹鳍的尖端略有透明，雄鱼的腹鳍尖端呈红色。幼鱼更喜欢群游。
●全长：4cm●栖息地：苏门答腊群岛●饲养难度：容易

条纹鲃鱼
Puntius fasciatus

身体上有大块的斑纹。雄鱼发情时全身呈深红色，非常艳丽，宜混养。
●全长：7cm●栖息地：印度●饲养难度：一般

绿虎皮鱼
Pentius tetrazona var.

在原种虎皮鱼的鱼鳞表面附着漂亮的绿色素，根据长年的改良已经使绿色覆盖了鱼的整个身体。性格与虎皮鱼基本一致。热带鱼的改良品种有很多，绿虎皮鱼可以说是最成功的。没有哪种改良品种可以达到绿虎皮鱼这样的艳丽程度。

●全长：4cm●栖息地：苏门答腊群岛●饲养难度：容易

玫瑰鲫鱼
Puntius conchonius

图中的个体是雄性，雌性体色呈黄褐色。不挑食。

●全长：5cm●栖息地：泰国、马来西亚等地
●饲养难度：容易

T字鱼
Puntius lateristriga

鱼如其名，身体上有一个明显的T字斑纹。

●全长：18cm●栖息地：印度尼西亚、泰国、马来西亚等地●饲养难度：容易

大斑马
Danio malabaricus

最受欢迎的鲤科热带鱼之一。不侵食水草，可以在有水草造景的水族箱内饲养。

●全长：10cm●栖息地：印度、斯里兰卡●饲养难度：较难

红鳍银鲫鱼
Puntius schwanenfeldi

各个鱼鳍都呈红色的大型鱼种。

●全长：30cm●栖息地：印度尼西亚、马来西亚等地●饲养难度：容易

红带斑马鱼
Danio choprai

近年来才开始进口的缅甸产斑马鱼。如果喂食有助于提升色彩的鱼饵，则会焕发出充满魅力的色泽。

●全长：4cm●栖息地：缅甸●饲养难度：容易

小三角灯
Rasbora hengeli

与异型波鱼非常相似的品种，不过三角灯的身体上有较小的楔形花纹，易于分辨。另外，楔形花纹周围还会发出红色的光，而其余部位则没有。

●全长：3.5cm●栖息地：印度尼西亚●饲养难度：容易

黑线金铅笔灯鱼
Rasbora agilis

这是一种非常朴素的、魅力十足的鱼种。体型小巧，与一线长红灯相似。

●全长：5cm●栖息地：马来半岛●饲养难度：容易

剪刀尾波鱼
Rasbora trilineata

游泳的时候尾鳍一摆一摆的，黑色斑纹很像剪刀。

●全长：7cm●栖息地：印度尼西亚、马来西亚等地●饲养难度：容易

紫罗兰灯鱼
Rasbora einthovenii

当光线从侧面照过来的时候，它身上黑色的线条会散发出金属般的光泽。

●全长：7cm●栖息地：印度尼西亚、马来西亚等地●饲养难度：容易

斑马鱼
Brachydanio rerio

非常受欢迎的热带鱼。性格活泼喜游泳。易繁殖，雌鱼受精后腹部会变得很大。

●全长：4cm●栖息地：印度●饲养难度：容易

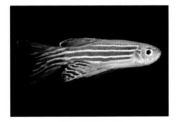

长鳍斑马鱼
Brachydanio rerio

把斑马鱼的各个鱼鳍都延长后的改良品种。与普通的斑马鱼相比，各个鱼鳍延长以后看上去非常醒目。易繁殖。

●全长：4cm●栖息地：印度●饲养难度：容易

一线长红灯
Rasbora pauciperforata

细长的身体上有一条红线贯穿首尾，有一种朴素的美感。喜群游。适合在有水草造景的水族箱里饲养。

●全长：5cm●栖息地：印度尼西亚、马来西亚●饲养难度：一般

长鳍豹纹斑马鱼
Brachydanio rerio var.

属于改良品种，与普通鱼种相比各个鱼鳍都很长。60cm的水族箱内可以同时饲养10条。

●全长：4cm●栖息地：改良品种●饲养难度：容易

珍珠斑马鱼
Brachydanio albolineatus

非常漂亮的斑马鱼。适合在有水草造景的水族箱内饲养。

●全长：4cm●栖息地：泰国、印度、马来西亚等地●饲养难度：容易

红尾金线灯
Rasbora barapetensis

很久以前就有的波鱼品种，身体上金色和黑色的条纹让人印象深刻。

●全长：5cm●栖息地：泰国、马来西亚等地●饲养难度：容易

三角灯
Rasbora heteromorpha

非常受欢迎的波鱼品种。身体上有楔形红斑纹。深红色的身体体侧有黑色斑纹，虽然体型小但是依然醒目。喜欢群游，不伤害水草，可以在有水草造景的水族箱内同时饲养10条左右，来欣赏它们群游时的姿态。
●全长：3.5cm●栖息地：斯里兰卡等地●饲养难度：一般

紫蓝三角灯
Rasbora heteromorpha var.

三角灯的欧洲改良品种。身体后半部分呈蓝黑色，很特别。
●全长：3.5cm●栖息地：泰国、马来西亚等地
●饲养难度：一般

金三角灯
Rasbora espei

与三角灯十分相像的鱼种，但是身体上的楔形花纹明显比三角灯的小，很容易区分。身体也不是很高。
●全长：3.5cm●栖息地：泰国、马来西亚等地
●饲养难度：容易

斯里兰卡火波鱼
Rasboroides vaterifloris

身体状态良好时全身呈赤红色，十分受欢迎。适合在有水草造景的水族箱内群游。
●全长：3.5cm●栖息地：斯里兰卡等地●饲养难度：一般

蓝三角灯
Rasbora dorsiocellata macrophthalma

眼睛呈蓝色，身体闪光是一种很受欢迎的波鱼品种。适合在有水草造景的水族箱内饲养10条以上群游。
●全长：3cm●栖息地：马来半岛、印度尼西亚
●饲养难度：容易

三点小丑灯
Boraras maculata

成鱼只有2cm大小的小型美鱼。虽然体积小，却十分艳丽。
●全长：2cm●栖息地：泰国、马来西亚等地
●饲养难度：容易

玫瑰小丑灯
Boraras urophthalmoides

成鱼只有2cm大小的小型美鱼。因为身体小，如果饲养数量低于20~30条，即使群游也达不到醒目的效果。
●全长：2cm●栖息地：泰国、柬埔寨等地●饲养难度：容易

黄帆鲫鱼
Oreichthys cosuatis

大大的背鳍，每片鱼鳞边缘都有黑色勾勒出鱼鳞的形状。体型较小，体色朴素，但花纹华丽，在水族箱内有非常强的存在感。生性胆小，喜欢隐藏在水草的阴影处，适合与比自己体积小的小型鱼种一同混养。
●全长：4cm ●栖息地：印度 ●饲养难度：容易

克氏斑马鱼
Danio kerri

在最近才开始进口的斑马鱼，体色艳丽，喜欢游动。适合在小型的水草造景的水族箱内，与同大的性格温和的鱼种混养。
●全长：5cm ●栖息地：泰国南部 ●饲养难度：容易

钻石红莲灯鱼
Rasbora axelrodi

体长只有2cm的小型美鱼。在色调比较朴素的水族箱内，它身上的绿色金属光泽会十分醒目。但如果仔细观察，会发现它的体型实在是太小了。由于体型较小，所以在60cm的水族箱内同时饲养30~40条都不会觉得局促。它的嘴很小，喂食干燥鱼饵时需要事先碾碎。另外可以孵化一些丰年虾的卵，用丰年虾的幼虫喂养会使体色更鲜艳。
●全长：2cm●栖息地：印度尼西亚●饲养难度：一般

长须斑马鱼
Cyprinidae sp.

在最近才开始引进的大型斑马鱼品种。与其他的斑马鱼一样它也喜欢在水族箱内游动。与其他鱼混养的时候，如果对方体积较小，它就会在后面不停地追逐对方，所以最好选择与它同大的鱼饲养。
●全长：5cm●栖息地：印度●饲养难度：容易

绿松石斑马鱼
Danio devario

最近才开始进口的品种，体色优美的大型斑马鱼。在水族箱内同时饲养数条，它们之间会相互追逐嬉闹。外形与大斑马鱼非常相似，但是这种鱼的身高比较高，很容易就可以区分开。
●全长：8cm●栖息地：印度、巴基斯坦、孟加拉●饲养难度：容易

亚洲红鼻鱼
Sawbwa resplendens

属小型鲤科美鱼。很容易让人联想到南美洲小型加拉辛鱼的红头剪刀鱼。身体状态好的时候红色会变得更加艳丽。
●全长：4cm●栖息地：巴基斯坦●饲养难度：容易

银鲨
Balantiocheilus melanopterus

因为外形与鲨鱼精悍的形象比较相似而得名的鲤科美鱼。体色并不艳丽，但是有一种高雅的美。
●全长：15~20cm●栖息地：泰国、马来西亚●饲养难度：容易

安哥拉鲫鱼
Barbus fasciolatus

体色艳丽的非洲产小型鲤科美鱼。如果饲养状态良好，身体的红色会逐渐变鲜艳。它是可以在有水草造景的水族箱内长期饲养的鱼种。因为体色优美而很受欢迎。
●全长：5cm●栖息地：西非●饲养难度：较难

一眉道人鱼
Puntius denisonii

近几年才开始从印度进口的鱼种，虽然体型较大但色彩也十分鲜艳。如果将数条或数十条放在一起群游，会使水族箱内的景致增色不少。为了使它身上的红色条纹更加艳丽，可以经常喂食一些磷虾。
●全长：10cm●栖息地：印度●饲养难度：容易

蛇仔鱼
Pangio kuhli

小型鳅科鱼。喜欢潜伏在砂砾中，如果在铺放有底床添加肥料的水族箱内饲养，它的这种习性很容易把水弄浑浊。
●全长：8cm●栖息地：泰国等地●饲养难度：容易

胭脂鱼
Myxocyprinus asiaticus

中国原产的亚热带鱼。在热带鱼商店出售的胭脂鱼幼鱼背鳍很发达，但是随着年龄的增加，成年后原本发达的背鳍反而会变小。
●全长：50cm●栖息地：中国●饲养难度：容易

吸盘鳅
Gastromyzon myersi

以附着在沙砾表面的苔藓为食的杂食性小型鱼。喜欢容存氧量较多的、干净的水环境。如果喂食的鱼饵不够，鱼容易变瘦。
●全长：5cm●栖息地：中国香港●饲养难度：一般

条纹沙鳅
Botia striata

身上有漂亮的条纹，生性胆小，喜欢在水族箱里来回游动，可以使你的水族箱变得很热闹。
●全长：7cm●栖息地：印度●饲养难度：一般

湄公双孔鱼
Gyrinocheilus aymonieri

把幼鱼放入水族箱后，它们就开始吃茶色的苔藓。成鱼性格粗暴。
●全长：10cm●栖息地：泰国●饲养难度：容易。

红尾鲨鱼
Epalzeorhynchus bicolor

身体的配色十分独特，只有尾鳍是红色，十分受欢迎。同种之间易争斗，最好不要同种混养。但是和其他鱼种能够和平共处，可以与同大的其他鱼种一起混养。喜欢活饵，不挑食。
●全长：15cm●栖息地：泰国●饲养难度：容易

黄金湄公双孔鱼
Gyrinocheilus aymonieri var.

湄公双孔鱼的黄色变种，是一种已经非常稳定的改良品种。幼鱼和普通品种一样喜欢吃苔藓。
●全长：10cm●栖息地：泰国●饲养难度：容易

三间鼠鱼
Botia macracantha

幼鱼体长在6cm左右，经常大量进口。成鱼体长可以长到30cm左右，如果不是在较大的水族箱内饲养，可能无法使成鱼完全发育到这个尺寸。另外，还需要注意营养充分。容易罹患白点病，在放入水族箱后要多加注意。
●全长：30cm●栖息地：印度尼西亚●饲养难度：一般

黑线飞狐鱼
Crossocheilus siamensis

喜欢吃水族箱内的苔藓，因此十分受欢迎。但是有时候也会侵食柔软的水草。
●全长：10cm●栖息地：泰国●饲养难度：容易

巴基斯坦沙鳅
Botia lohachata

生性胆小，喜欢在水族箱的浮木或者是石头后面安家。喜欢吃线虫等活饵。
●全长：10cm●栖息地：巴基斯坦●饲养难度：一般

袖珍链条鳅
Botia sidthimunki

进口数量较少，非常可爱，很受人们的欢迎。可以在水草造景的水族箱内饲养10条以上。
●全长：4cm●栖息地：泰国●饲养难度：一般

斗鱼
Labyrinth Fish

斗鱼中贝塔鱼科和丝足鱼科最大的特点就是会换气。因此在气温较高的夏季，可以在桌子上放个小瓶子来饲养身体较小的贝塔鱼（即暹罗斗鱼）。斗鱼还有另外一个特点，就是多数雄鱼会从嘴里吐泡泡，在水面上用水泡做成一个巢，作为雌鱼产卵用的卵床，还会把受精卵放到这些水泡里，一直守护着这些水泡直到幼鱼游出来。

热带鱼商店里卖的贝塔鱼雄鱼种类繁多，色彩纷呈。在夏天可以把每种颜色的鱼选一条放在瓶子里饲养。选择雄鱼的时候，如果两个瓶子过于接近，里面的雄鱼就会尝试威慑对方。这个时候，最好选择鱼鳍全部打开的雄鱼。如果鱼鳍没有全部打开，就很难看到鱼鳍的发育情况。

斗鱼喜欢吃活饵和冷冻赤虫等，习惯了也可以吃一些片状鱼饵。

斗鱼喜欢弱酸性的软质水，对水质有很强的适应能力。只要注意不要让水质突然变化，就可以在弱酸性到中性、软水到偏硬水的水环境内饲养。

贝塔鱼对水质的恶化不是很敏感，但还是要尽量保持良好的水质。使用普通水族箱饲

养的时候，可以使用任意一种过滤器，但它们不喜欢过强的水流，以较弱的水流为好。

如果只打算在夏季养一条贝塔鱼的雄鱼，使用200~300mL的广口瓶就可以了。如果是身体较小的密鲈鱼可以使用45cm以上的水族箱，稍微大型的可以在60cm以上的水族箱内饲养。

用广口瓶饲养贝塔鱼的雄鱼时，可以每周换一次水，所有的水全部换掉。用普通的水族箱饲养时，则每2周换掉1/3的水。

斗鱼容易罹患白点病，如果饲养的容器内水质恶劣，头部和口部就会容易被细菌感染变白。这种疾病对贝塔鱼的致死率相当高，因此要随时注意换水，不要导致水质恶化。

贝塔鱼的雄鱼之间，通常会斗得两败俱伤，所以不能混养。但是对于其他的鱼种它们却变得十分温和，可以与不攻击贝塔鱼的鱼种一同混养。丝足鱼也大多是温和鱼种，适合混养。

贝塔鱼和丝足鱼都对水草没有伤害。因此，在饲养这两种鱼的水族箱内，可以种植任意一

攀鲈科主要生活在东南亚一带。攀鲈科中很独特的鱼种——斗鱼富有魅力的种类有很多，不过很难进口，近年来也有人自费到这些国家进行旅行采集。

种水草。贝塔鱼的雄鱼见到雌鱼就会追着对方要其产卵。这时，如果水族箱内没有茂密的水草供雌鱼躲避，雌鱼就会被雄鱼不停地追逐，甚至会被雄鱼攻击致死。同时，浮萍之类的浮游植物，还可以成为贝塔鱼或丝足鱼做泡巢的基础。

如果雌鱼和雄鱼都已经充分成熟，就会比较容易繁殖。尤其是雌鱼的发育成熟度对其腹中的卵子发育是否成熟有着决定性的影响。如果雌鱼卵子发育成熟就会主动找雄鱼交配；如果没有发育成熟，无论雄鱼怎样求欢雌鱼都只会一味躲避。产卵结束后，要把雌鱼立刻从水族箱内取出，剩下的工作交给雄鱼完成。幼鱼孵化成功后的头两三天可以把一些蛋黄弄碎喂给它们，以后就可以喂一些小虾之类的活饵了。

电光丽丽
Colisa lalia
在小型水族箱内就可以饲养，非常美丽
而又廉价的小型丝足鱼。适合入门者饲
养。
●全长：6cm●栖息地：印度、孟加拉国　饲
养难度：容易

雌鱼体色十分朴素。

霓虹丽丽
Colisa lalia var.
电光丽丽的改良品种，通过改良使原本十分艳丽的体色变得更加鲜艳。易繁殖，雌雄
成对购买，在水面上种植一些浮游植物就可以看到雄鱼在下面做泡巢和雌鱼产卵的过
程。
●全长：6cm●栖息地：印度、孟加拉国●饲养难度：容易

血红丽丽
Colisa lalia var.
属于电光丽丽的改良品种。通过改良使体
色变成了鲜艳的橘黄色。十分受欢迎。
●全长：6cm●栖息地：改良品种●饲养难
度：容易

巧克力飞船
Sphaerichthys osphromenoides osphromenoides
色彩并不艳丽，但是有一种独特的可爱。
十分受欢迎的鱼种。状态好的时候体色会
变得鲜艳。
●全长：6cm●栖息地：印度尼西亚、马来西
亚●饲养难度：较难

雄鱼会在自己做好的泡巢下，紧紧抱住雌鱼，雌鱼则会不停的产出白色的卵子。这时候雄鱼开始对卵子排出精子，使卵子受精，全部受精完成后，雄鱼才会放开雌鱼然后拾起受精卵放到泡巢内。之后，雄鱼就会一直守护着受精卵，静静地等着它们孵化成功。

英贝利斯斗鱼
Betta imbellis

由于这种鱼采取口孵而闻名，是一种历史很久的品种。分布范围十分广泛，根据地域不同也有变异。
●全长：5cm●栖息地：泰国、马来西亚●饲养难度：一般

蓝战狗
Betta unimaculata

这种鱼的雄鱼会一直守护着自己口中的鱼卵直到完全孵化为止，属于野生贝塔鱼。流通数量少。
●全长：5cm●栖息地：印度尼西亚、泰国、马来西亚●饲养难度：一般

黛森酒红双线斗鱼
Parosphromenus deissneri

体积很小，如果认真饲养体色会变得非常艳丽。身体上的花纹十分醒目。
●全长：4cm●栖息地：印度尼西亚、泰国、马来西亚●饲养难度：较难

大理石短鳍斗鱼
Betta splendens var.

体型和暹罗斗鱼的原种十分相似，身上有大理石花纹。现在有很多改良品种。
●全长：7cm●栖息地：改良品种●饲养难度：一般

金曼龙
Trichogaster microlepis

色彩单一，但是在水族箱内却十分醒目。对鱼饵并不挑剔。
●全长：15cm●栖息地：泰国●饲养难度：容易

青曼龙
Trichogaster trichopterus

它是大理石曼龙的原种。最近见得比较少。体色并不艳丽，有一种朴素的美。
●全长：15cm●栖息地：东南亚各地●饲养难度：容易

大理石曼龙
Trichogaster trichopterus var.

青曼龙的改良品种。因为它的体色比原种更加鲜艳，所以现在比原种更常见。
●全长：15cm●栖息地：改良品种●饲养难度：容易

英贝利斯斗鱼（黑色）
Betta imbellis

小型的野生贝塔鱼，历史悠久。这种鱼产生了很多改良品种。性格温和，雄鱼之间会产生激烈争斗，最好不要在水族箱内放入同种雄鱼。不过如果几条雄鱼从幼鱼时期就一同生活长大，长成成鱼后争斗就不会十分激烈。喜食活鱼饵，冷冻赤虫之类的也吃得十分开心。如果习惯了也可以吃干燥鱼饵。
●全长：5cm●栖息地：泰国、印度尼西亚、马来西亚●饲养难度：一般

展示型斗鱼
Betta splendens var.

鱼鳍相当发达，犹如扇子一般。通常我们说到展示型斗鱼，都是指那些为了在美国斗鱼锦标赛中获奖的、经过长年累月的经验形成的稳定的改良品种。因此，斗鱼最大的卖点就是如何让它们发达的鱼鳍变得更加发达。当然在改良的过程中也，在不断地注意使它们的鱼鳍色彩变得更加鲜艳纯净，花纹更加简洁而没有杂色。因此，展示型斗鱼和进口数量较多价格低廉的暹罗斗鱼不同，它的品种显然更加美丽。由于受到精心饲养，所以它们大多体格健硕，发育成熟。
●全长：5cm●栖息地：泰国、印度尼西亚、马来西亚●饲养难度：一般

展示型斗鱼（红色）
Betta splendens var.

红色斗鱼的展示型品种。上图中的鱼鳍比普通红色斗鱼的鱼鳍要发达很多，这是二者最大的区别。
●全长：8cm●栖息地：改良品种●饲养难度：一般

红色斗鱼
Betta splendens var.

泰国的改良品种之一。全身通红，人气很高，属于水族箱内比较吸引人的一种。
●全长：7cm●栖息地：改良品种●饲养难度：一般

展示型双尾红色暹罗斗鱼

红色暹罗斗鱼的改良品种，大大的尾鳍从中间一分为二。上图是在日本繁殖的个体，可以通过网络购买。
●全长：7cm●栖息地：改良品种●饲养难度：一般

展示型斗鱼红色透明鳍斗鱼

这也是一种非常受欢迎的斗鱼，其体色并没有完全固定。
●全长：7cm●栖息地：改良品种●饲养难度：一般

泰国斗鱼（蓝）

身体中混入了适量的红色和蓝色。在选购自己喜爱的斗鱼时，最好注意选择比较健康的个体。
●全长：7cm●栖息地：改良品种●饲养难度：一般

展示型黄色斗鱼
Betta splendens var.

全身都染上了如奶油一般的黄色。即使仔细观察，在它的身上也找不到一点杂色。在国际斗鱼锦标赛上，这个品种的斗鱼入选的基本标准是身上无杂色，评委们在这一基础上再去评判每条鱼的表现。
● 全长：8cm ● 栖息地：改良品种 ● 饲养难度：一般

展示型粉色贝塔鱼
Betta splendens var.

这种斗鱼全身并不是呈赤红色，而是鲜艳明快的粉色。但是人气却不输给红色的斗鱼。日本品种。
● 全长：7cm ● 栖息地：改良品种 ● 饲养难度：一般

长鳍红色贝塔鱼
Betta splendens var.

把红色暹罗斗鱼的各个鱼鳍都延长了的改良品种。流通数量不多，但是可以通过网购入手。
● 全长：7cm ● 栖息地：改良品种 ● 饲养难度：一般

蓝色贝塔鱼
Betta splendens var.

暹罗斗鱼的改良品种，身体呈墨黑色。由于其体色纯正，因此十分受欢迎。黑色的色泽纯度越高越珍贵。
● 全长：7cm ● 栖息地：改良品种 ● 饲养难度：一般

双尾蓝色贝塔鱼
Betta splendens var.

暹罗斗鱼的改良品种，硕大的尾鳍被从中间一分为二。上图是日本国内繁殖的个体。
● 全长：7cm ● 栖息地：改良品种 ● 饲养难度：一般

白色贝塔鱼
Betta splendens var.

体色呈纯白色，身体越白表明品质越好，但是想让它们身体没有杂色很难。
● 全长：7cm ● 栖息地：改良品种 ● 饲养难度：一般

黄金丽丽
Colisa sota var.

草莓丽丽的改良品种。身体较小却很结实。易繁殖。
●全长：5cm●栖息地：改良品种●饲养难度：一般

闪光鱼
Trichopsis pumilus

属于非常小巧的丝足鱼品种。适合与性格温和的鱼们混养。躲在水草的叶子中做泡巢产卵。
●全长：3cm●栖息地：泰国、马来西亚●饲养难度：一般

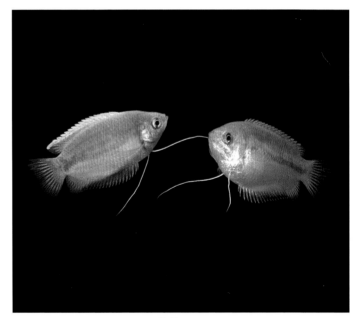

草莓丽丽
Colisa sota

十分可爱的丝足鱼品种，身体结实。发情的时候雄鱼的体色会变得更加鲜艳。
●全长：5cm●栖息地：印度●饲养难度：容易

接吻鱼
Helostoma temminckii var.

绿色接吻鱼的改良品种。因为爱接吻而闻名，实际上这不是亲密的表现，而是在吵架。
●全长：30cm●栖息地：东南亚●饲养难度：容易

招财鱼
Osphronemus goramy

攀鲈鱼中最大的一种，是热带鱼中十分长寿的品种。精心照料可以活数十年。
●全长：100cm●栖息地：东南亚●饲养难度：容易

红鳍战船
Osphronemus laticlavius

以前被人们当作是招财鱼的地域变异种，但实际上它是另外一种品种。很多人喜欢把它和龙鱼种混养。
●全长：50cm●栖息地：婆罗洲岛●饲养难度：容易

攀木鱼
Anabas testudineus

它的名字很容易让人以为它们会爬树，但实际上它们最多也就是在下雨的天气爬到隔壁的池塘里而已。对鱼饵不太挑剔。
●全长：25cm●栖息地：东南亚●饲养难度：容易

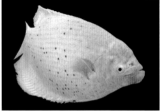

红鳍战船白子种
Osphronemus laticlavius var.

红鳍战船的白子种。体型较大，身体呈白色，在水族箱内十分醒目。
●全长：50cm●栖息地：加里曼丹岛●饲养难度：容易

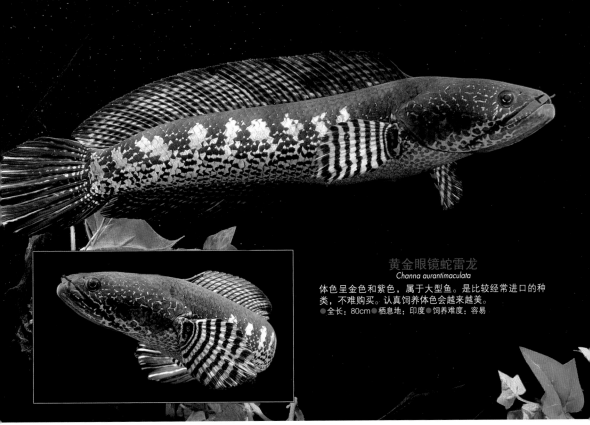

黄金眼镜蛇雷龙
Channa aurantimaculata

体色呈金色和紫色，属于大型鱼。是比较经常进口的种类，不难购买。认真饲养体色会越来越美。
●全长：80cm●栖息地：印度●饲养难度：容易

梭头鱼
Luciocephalus pulcher

与攀鲈鱼十分相近的鱼种。嘴部较大，喜捕食小鱼。繁殖容易。
●全长：20cm●栖息地：印度、马来西亚●饲养难度：容易

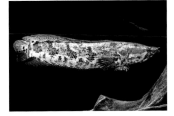

非洲雷龙
Parachanna obscura

体色有一种病态美。产于非洲。完全的肉食鱼类，捕食小鱼、虾、青蛙。
●全长：40cm●栖息地：非洲大陆●饲养难度：容易

七彩海象
Channa pleurophthalmus

体型不会长得过大，色泽鲜艳，很受欢迎。
●全长：30~40cm●栖息地：印度尼西亚●饲养难度：容易

五点雷龙
Channa marulia

全身呈黑色，身上仿佛洒落着点点的小星星。大型蛇头鱼。食欲旺盛。
●全长：80cm●栖息地：印度、斯里兰卡、泰国●饲养难度：容易

黑魔神雷龙
Channa melanoptera

美型蛇头鱼的一种。头部较圆，面部娇媚，性格暴躁。
●全长：80cm●栖息地：泰国、柬埔寨●饲养难度：容易

小盾鳢
Channa micropeltes

最受欢迎的蛇头鱼品种。幼鱼呈红色，较便宜。但是食量很大，买鱼饵的费用会很高。
●全长：100cm●栖息地：东南亚●饲养难度：容易

在水草中游曳的七彩神仙鱼。

七彩神仙鱼
Discus

七彩神仙鱼是众多热带鱼中最受欢迎的一种。几乎没有不卖七彩神仙鱼的热带鱼商店，它的受欢迎程度就可见一斑。七彩神仙鱼原来的体型是圆形的，身体一侧有蓝色的花纹。但是现在通过改良把它们身体上原来蓝色的部位扩大了，有很多七彩神仙鱼全身都布满了蓝色的线条，甚至还有的鱼全身都呈淡蓝色，这样就提高了这个品种的观赏性，使它更受欢迎了。

另外，七彩神仙鱼的幼鱼靠吸食成鱼体表分泌的营养物质为生。这些分泌物质被戏称为"七彩神仙鱼奶"，在繁殖的过程中可以欣赏到幼鱼"吃奶"的场面是很有趣的，这也是很多七彩神仙鱼爱好者饲养它们的原因。

以前价格很昂贵的品种，近来也变得很便宜了。

野生的七彩神仙鱼主要活在南美洲的亚马孙河一带。根据采集场所不同有很多的变种。

许多幼鱼在吸食成鱼体表分泌的营养物质（呈黏液状，被戏称为七彩神仙鱼奶）。在育儿期的成鱼全身呈黑色。

番茄红
Symphysodon aequifasciatus var.
一种人气很高的改良品种。
●全长：18cm ●栖息地：改良品种 ●饲养难
度：一般

黄金七彩神仙鱼
Symphysodon aequifasciatus var.
看上去十分新鲜的改良品种。感觉稍微有
一些奇怪。
●全长：18cm ●栖息地：改良品种 ●饲养难
度：一般

绿七彩神仙变种
Symphysodon aequifasciatus var.
突然变异而得来的改良品种。体色色调新
颖。
●全长：18cm ●栖息地：改良品种 ●饲养难
度：一般

蓝钻松石
Symphysodon aequifasciatus var.
蓝色系中最佳的改良品种。价格便宜。
●全长：18cm ●栖息地：改良品种 ●饲养难
度：一般

梦见你七彩神仙
Symphysodon aequifasciatus var.
体侧带有美丽的细小红色花纹的改良品种。
人气爆棚。
●全长：18cm ●栖息地：改良品种 ●饲养难
度：一般

黑格尔七彩神仙变种
Symphysodon aequifasciatus var.
由野生黑格尔蓝七彩神仙的雄鱼或雌鱼与
其他品种交配得来的改良品种。
●全长：18cm ●栖息地：改良品种 ●饲养难
度：一般

幼鱼价格低廉，所以通常人们都是购买幼鱼饲养。但是由于幼鱼体质较弱，入门者最好选择比较健康的个体饲养。在预算允许的范围内适当购买较大的幼鱼，这样不易中途夭折，反而节约了成本。

水质可以选择一般南美洲产慈鲷鱼比较喜欢的弱酸性软质水。在某种程度上对水质的适应力较强，可以在中性到弱酸性、软水到偏硬质水中生存。

根据种类不同各个品种喜欢的水温也不同，大约在26～30℃的环境中即可。

鱼饵可以选择以牛心为主要原料制成的七彩神仙鱼专用鱼饵，也有七彩神仙鱼汉堡或提升体色的产品，甚至还有含打药成分用来专门对付七彩神仙鱼肠道寄生虫的鱼饵。鱼饵一旦被撕咬就会散落成粉状，适合在底部没有铺设砂石的鱼缸内使用。如果适应后，也可以喂食专门的七彩神仙鱼干燥鱼饵。

红眼睛七彩神仙鱼鱼种，优美品种的数量较多。

绿七彩
Symphysodon aequifasciatus aequifasciatus
普通的绿七彩的进口品种。
●全长：18cm ●栖息地：亚马孙河 ●饲养难
度：较难

黑格尔七彩神仙
Symphysodon discus discus
比较受欢迎的野生七彩神仙鱼品种。身体
两侧有比较粗的条纹。
●全长：18cm ●栖息地：南美洲内格罗河 ●
饲养难度：较难

威立史瓦滋黑格尔七彩神仙
Symphysodon discus willischwartzi
身体呈黄色，体侧有黑色蛇形条纹，属于
珍稀品种。
●全长：18cm ●栖息地：亚马孙河 ● 饲养难
度：较难

蓝面黑格尔七彩神仙
Symphysodon discus discus
整个面部泛着蓝色。进口数量少。
●全长：18cm ●栖息地：亚马孙河 ●饲养难
度：较难

皇室蓝七彩神仙
Symphysodon aequifasmLiatus haraldi
人气与野生绿七彩神仙鱼相差无几的野生
品种。
●全长：18cm ●栖息地：亚马孙河 ●饲养难
度：较难

皇室绿七彩神仙
Symphysodon aequifasmLiatus aequifasciatus
野生品种中最受欢迎的鱼种。
●全长：18cm ●栖息地：亚马孙河 ●饲养难
度：较难

红黑格尔七彩神仙
Symphysodon aequifasciatus var.
看到它就会联想到黑格尔七彩神仙，身体
体侧也有黑色蛇纹。
●全长：18cm ●栖息地：改良品种 ●饲养难
度：较难

皇室蓝七彩神仙
（乌瓦茨纳产）
Symphysodon aequifasmLiatus haraldi
体色底色为黄色的野生蓝七彩神仙，体色
花纹华丽。
●全长：18cm ●栖息地：亚马孙河 ●饲养难
度：较难

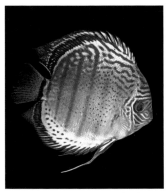

皇室绿七彩神仙变种
Symphysodon aequifasmLiatus aequifasciatus
当得起皇家一名的鱼种，但是这种个体的
数量极其稀少。
●全长：18cm ●栖息地：亚马孙河 ●饲养难
度：较难

皇室蓝七彩神仙（马提拉产）
Symphysodon aequifasciatus haraldi

野生七彩神仙鱼中十分受欢迎的品种。虽然属于蓝色七彩神仙鱼的一种，但是可以通过它繁殖出身体体色呈红色的新品种。
●全长：16cm ●栖息地：亚马孙河 ●饲养难度：较难

集中了神仙鱼改良品种的水草造景水族箱。

神仙鱼
Angel Fish

神仙鱼因其独特而优美的体型而闻名。神仙鱼成为观赏鱼的历史已经很久，到现在为止依然人气不减。其改良品种数量众多，将其原有的美丽发挥到了极致。

神仙鱼的原种以埃及神仙鱼为首的三四种比较知名。经常进口的品种有埃及神仙鱼和野生神仙鱼等2～3种。较难饲养，尤其是埃及神仙鱼，在进口的时候身体状态大多不是很好，对于入门者来说，如果进口鱼的身体状况不是很好最好

群游的金神仙的幼鱼。全长约3cm。入门者适合购买这种大小的神仙鱼。

金神仙的母鱼和幼鱼，幼鱼100%继承了母鱼的体色与花纹。在自家的水族箱内繁殖的幼鱼也都是十分可爱的。

野生神仙鱼主要生活在南美洲的亚马孙河水流比较平缓的地区。

不要购买。

热带鱼商店也有出售大小在5角硬币左右的幼鱼，但是还是建议大家购买稍大一些的身体状况更好的幼鱼。另外许多进口神仙鱼都有传染病，感染疾病的一个特征是鱼鳍尖部有缺损或者发红充血，应尽量避免购买。

神仙鱼主要喜欢生活在弱酸性水质的软水中，不过由于适应能力强，也可以在多种水质中饲养。但是埃及神仙鱼却是例外，必须生活在定期换水充分过滤的弱酸性水质环境中。

水温根据鱼种而各异，大概在27～30℃即可。

神仙鱼对鱼饵并不挑剔，甚至算是比较贪吃的鱼。和其他的鱼混养时，比如七彩神仙鱼，它们喜欢独占鱼饵。所以最好多准备几个鱼饵笼，根据对象不同放置不同的鱼饵。

除了野生神仙鱼以外，它们大多对过滤系统不是很挑剔。但是饲养埃及神仙鱼时则需要选择过滤能力比较高的过滤器（通常使用过滤能力为1.5倍的外部动力式过滤器），如果水质恶化就会立刻导致鱼的体质变化，需要注意。

神仙鱼的个子很高，所以最好选择适合个子较高的鱼类的水族箱。如果使用60cm的水族箱，就要选择高度为45cm的。

换水频率最好两周一次，每次换掉1/3。埃及神仙鱼则要每周换水一次，每次换1/4。一

即使是普通神仙鱼浑身也散发着让人难以舍弃的魅力。

旦换水量不够，就会对水质变化比较敏感的埃及神仙鱼产生影响。

如果想混养，需要选择对神仙鱼不具有攻击性的鱼类。但是神仙鱼长大后也会吞噬小型的加拉辛鱼，所以最好不要一同混养。

金刚神仙鱼
Pterophyllum scalare var.

由于鳞片发生了变化，全身都闪烁着钻石般的光芒。属于改良品种。由其派生出了许多分支。
●全长：18cm●栖息地：改良品种●饲养难度：较难

大理石神仙
Pterophyllum scalare var.

金刚神仙鱼与埃及神仙鱼结合后产生的新品种。外观华丽。
●全长：18cm●栖息地：改良品种●饲养难度：容易

阴阳神仙
Pterophyllum scalare var.

翅尾品种，身体后半部分全部呈黑色。由于其花纹好看，很受欢迎。流通数量并不多。
●全长：18cm●栖息地：改良品种●饲养难度：容易

红顶神仙
Pterophyllum scalare var.

身体呈白色，只有头部染上了橙色。可以喂食提升体色效果较好的丰年虾，这样头部的橙色会更加殷红。
●全长：18cm●栖息地：改良品种●饲养难度：容易

黑神仙
Pterophyllum scalare var.

图中为全身体色呈黑色的神仙鱼，但很难达到全部呈漆黑色的效果。
●全长：18cm●栖息地：改良品种●饲养难度：容易

鸟纹翎尾神仙鱼
Pterophyllum scalare var.

经改良后各个部分的鱼鳍都变得很长。个头很高，最好在较深的水族箱内饲养。
●全长：18cm●栖息地：改良品种●饲养难度：容易

鸟纹翎尾神仙鱼（黑）
Pterophyllum scalare var.

身体大部分呈黑色。属于神仙鱼的改良品种，每个个体上的花纹也不同。
●全长：18cm●栖息地：改良品种●饲养难度：容易

翎尾神仙鱼
Pterophyllum scalare var.

各个鱼鳍都很长的改良品种。个头很高，适合在深水箱内饲养。
●全长：18cm●栖息地：改良品种●饲养难度：容易

黄金神仙
Pterophyllum scalare var.

由某次突然变异而得来的固定改良品种。体色明快受人欢迎。
●全长：18cm●栖息地：改良品种●饲养难度：容易

一对野生的神仙鱼（秘鲁产）。

豹纹神仙鱼
Pterophyllum scalare var.

身体的后半部分有不规则的暗色花纹，呈现出一种病态美。成鱼周围都是它产的幼鱼。
●全长：18cm ●栖息地：改良品种 ●饲养难度：容易

蕾丝神仙鱼
Pterophyllum scalare var.

各个鱼鳍都有美丽的蕾丝花纹。最近很少见的品种。
●全长：18cm ●栖息地：改良品种 ●饲养难度：容易

红眼钻石神仙
Pterophyllum scalare var.

全身没有颜色，只有眼睛呈赤红色，是神仙鱼的白子种。经常从中国进口。
●全长：18cm ●栖息地：改良品种 ●饲养难度：一般

大型水草造景水族箱内互相争夺领土的两对长吻神仙。它的成鱼发情后各个鱼鳍呈紫色，非常美丽。

长吻神仙

Pterophyllum dumerili

原种神仙鱼的一种，全身散发着高雅气息。是原种神仙鱼中最珍贵的品种。偶然少量进口，不易购买。想购买这样的珍稀品种最好事先找热带鱼商店的人订货。这个品种较难繁殖，在日本尚无成功繁殖记录。如果购买的个体身体健康，并不难饲养。

●全长：10cm●栖息地：亚马孙河●饲养难度：一般

长吻神仙。

长吻神仙的幼鱼。

水草造景水族箱（120cm×45cm×45cm）内群游的埃及神仙鱼，体型线条流畅，长到这么大就不会生病夭折了。

埃及神仙鱼的成鱼。

埃及神仙鱼的幼鱼（进口）。

埃及神仙鱼
Pterophyllum altum

神仙鱼当中最大、体型最好的一种，深受热带鱼爱好者的喜爱。每年入冬都会进口大量的幼鱼，由于进口条件参差不齐，最好选择比较健康的幼鱼购买，注意避免选择有生病征兆的幼鱼。本品种以难以繁殖而闻名，日本也只有几例成功案例。

●全长：15cm ●栖息地：亚马孙河（内格罗河）●饲养难度：较难

中南美洲慈鲷
Central & South American Cichlid

中南美洲产慈鲷在热带鱼中占有重要地位，它们的性格也多种多样。大多数慈鲷鱼在产卵时，雌鱼和雄鱼会十分恩爱地守护着鱼卵，幼鱼孵化后也会齐心协力地进行抚养。如果对它们抚养幼鱼的方式感兴趣不妨一试，相信肯定会被它们的魅力所征服。

另外，认真饲养慈鲷鱼就会发现有很多鱼会长成大型鱼。因此，它会带给主人养猫、养狗等宠物一样的感觉，可以说是这种鱼的最大特点。这种鱼寿命长，最长可达5～10年，可以长期陪伴着你。

在中南美洲河流当中栖息的慈鲷鱼大多野性十足。尤其是中美洲的河流，更是大型慈鲷鱼的宝库。

南美洲慈鲷
Nandopsis umbriferum

最大可以长到70cm以上，其实60cm左右的个体就已经很可观了。
●全长：70cm●栖息地：尼加拉瓜、哥斯达黎加●饲养难度：容易

横纹鲷
Parapetenia festae

最近见得比较少了。如果营养不良会突然死亡，最好喂养各种鱼饵保持其营养均衡。
●全长：20～30cm●栖息地：厄瓜多尔●饲养难度：容易

画眉
Mesonauta festivus

体型与生态都与神仙鱼有些相像，喜欢在水族箱内优雅的游泳。
●全长：12cm●栖息地：秘鲁●饲养难度：容易

七彩波罗
Cichlasoma salvinii

由黑红黄三色构成的中性慈鲷鱼，过去很知名，最近不怎么见。
●全长：25cm●栖息地：中美洲●饲养难度：容易

后宝丽鱼
Aequidens metae

浑身圆滚滚的中型慈鲷鱼。有很多慈鲷鱼长得和它比较相像。
●全长：25cm●栖息地：哥伦比亚●饲养难度：容易

紫红鹦鹉
Theraps synspilus

比较有名的中美洲慈鲷鱼，体侧有各种各样颜色的花纹。需要精心喂养。
●全长：25cm●栖息地：危地马拉●饲养难度：容易

绿宝丽鱼
"Aequidens" rivulatus

浑身呈金属质感的蓝色，中型慈鲷鱼，很受欢迎。上图是背鳍和尾鳍边缘都呈橙色的品种。
●全长：15cm●栖息地：秘鲁●饲养难度：容易

火鹤鱼（深色种）
Amphylophus citrinellum

此品种由于色彩变异种类繁多而闻名。上图是有暗色花纹的品种。
●全长：25cm●栖息地：尼加拉瓜、哥斯达黎加●饲养难度：一般

火鹤鱼
Amphylophus citrinellum

全身呈深橙色。最受欢迎的品种。性格极其暴躁。
●全长：25cm●栖息地：尼加拉瓜、哥斯达黎加●饲养难度：一般

蓝宝石
"Aequidens" pulcher

比较流行的中美洲产慈鲷鱼的一种。体侧有细小的金属蓝色的斑点。
●全长：13cm●栖息地：哥伦比亚●饲养难度：容易

九间波罗
Nandopsis friedrichsthalii

中美洲产大型慈鲷鱼。左图为雌鱼，成熟后体色呈鲜艳的黄色。
●全长：25cm●栖息地：尼加拉瓜●饲养难度：一般

红地图
Astronotus ocellatus var.

地图鱼的改良品种。色泽艳丽，很受欢迎。即使长成成鱼后也依然能够保持这种美丽的体色。饲养方法与其他地图鱼相同。口部张开后比想象中要大，注意不要让它吃掉水族箱里的小鱼。
●全长：20cm ●栖息地：改良品种 ●饲养难度：容易

短型红地图
Astronotus ocellatus var.

体型可爱，很受欢迎。成鱼也依然保持这种可爱的体型。饲养方法与其他地图鱼相同。
●全长：20cm ●栖息地：改良品种 ●饲养难度：容易

地图鱼
Astronotus ocellatus var.

即使从热带鱼商店购买10cm以下的幼鱼，任何人都能把它们养到20cm。
●全长：20cm ●栖息地：改良品种 ●饲养难度：容易

野生地图鱼
Astronotus sp.

在当地收集到的地图鱼，进口数量很少。根据采集地不同，每种鱼进口数量都很少。
●全长：20cm ●栖息地：改良品种 ●饲养难度：容易

白子血红地图
Astronotus ocellatus var.

地图鱼的白子种，眼睛呈红色。体色呈白色略带橙色，十分优美。和其他的地图鱼种一样都是大肚汉。
●全长：20cm ●栖息地：改良品种 ●饲养难度：容易

白子血红地图的幼鱼
Astronotus ocellatus var.

上图是白化地图鱼的幼鱼。憨态可掬，十分可爱，非常受人欢迎。只要坚持每周喂食鱼饵就能养大。
●全长：20cm ●栖息地：改良品种 ●饲养难度：容易

帝王三间
Cichla temensis

中型慈鲷鱼。体侧闪烁着许多珍珠色的小斑点。身体较高，适宜观赏。背鳍的软肋延长出来，使其游泳姿势很优雅。进口数量较少，但时有进口。

●全长：60cm ●栖息地：亚马孙河 ●饲养难度：容易

红珍珠关刀
Geophagus surinamensis

脸上的某些部位使它看上去和马有点像，是比较受欢迎的地图鱼。较易繁殖。

●全长：20cm ●栖息地：亚马孙河 ●饲养难度：容易

红珍珠关刀（短型）
Geophagus surinamensis

红珍珠关刀的身形较短的类型。从东南亚与其他鱼种混在一起进口。喜欢含着鱼缸底部的砂石寻找食物。喂食时尽量保持鱼饵种类丰富。

●全长：20cm ●栖息地：改良品种 ●饲养难度：一般

皇冠五间
Cichla sp.
全身洒满了金色的斑点，据说是最美丽的斑点鱼。进口数量极少。
●全长：60cm ●栖息地：亚马孙河 ●饲养难度：一般

打哈欠的皇冠五间。

皇冠三间
Cichla ocellaris
最常见的眼斑鲷鱼。可以钓到。可以饲养，也可以食用，肉味鲜美。不宜生活在缺乏氧气的环境。
●全长：60cm ●栖息地：亚马孙河 ●饲养难度：一般

皇冠三间的一种
Cichla ocellaris
除了尾鳍以外，身体两侧有3个大大的眼状黑色斑点。也有可能是慈鲷鱼的另一品种，比较珍贵。
●全长：60cm ●栖息地：亚马孙河 ●饲养难度：一般

帝王三间的一种
Cichla temensis
特别大型的种类。体色与普通的眼斑鲷不同，给人以精悍的印象。对于水质的变化很敏感。
●全长：60cm ●栖息地：亚马孙河 ●饲养难度：一般

皇冠蓝五间
Cichla sp.
全身呈淡蓝色的眼斑鲷。非常珍贵的品种。进口数量极少。适宜在氧气充足的环境内饲养，在运送途中容易夭折。
●全长：60cm ●栖息地：亚马孙河 ●饲养难度：一般

淡水石斑
Nandopsis managuense
身体花纹只有黑白两色，是比较流行的大型鱼种。性格相当暴躁。
●全长：30cm ●栖息地：尼加拉瓜 ●饲养难度：容易

九间始丽鱼
Archocentrus nigrofasciatus
从很早以前就有人开始饲养的中美洲产中型慈鲷鱼。如果想初次尝试繁殖热带鱼，推荐此品种。
●全长：10cm ●栖息地：危地马拉 ●饲养难度：容易

珍珠火口
Theraps nicaraguence

体色鲜艳夺目。中型南美洲慈鲷鱼。性格温和易饲养。

●全长：15cm●栖息地：尼加拉瓜●饲养难度：容易

粉慈鲷鱼
Archocentrus nigrofasciatus var.

九间始丽鱼的改良品种（白化）。卵子成熟后，雌鱼开始发情则身体成粉色。

●全长：10cm●栖息地：改良品种●饲养难度：容易

火口鱼
Thorichthys helleri

火口鱼慈鲷科的近支，所以体型很相似。是一种优美的慈鲷鱼，进口数量少。

●全长：12cm●栖息地：亚马孙河●饲养难度：一般

红肚火口鱼
Thorichthys meeki

鳃盖下方到腹部都呈鲜艳的红色。中型慈鲷鱼。适合长时间饲养。

●全长：15cm●栖息地：亚马孙河●饲养难度：一般

紫红火口鱼
Theraps maculicauda

从幼鱼到小鱼的发育期间丝毫看不出任何魅力，成熟后就会变得魅力非凡。饲养本品种的成鱼至少需要90cm的水族箱，在120～150cm的水族箱内饲养更好。性格较暴躁。

●全长：20cm●栖息地：尼加拉瓜●饲养难度：一般

金钱豹的幼鱼（全长约18cm）　　金钱豹的幼鱼（全长约10cm）　　发情的金钱豹（全长约25cm）

金钱豹
Herichthys carpinte

耐心地饲养幼鱼，就会发现它长大以后的成鱼实际上很好看。尤其是雄鱼，在发育期间头部逐渐突出，完全成熟的雄鱼具有非常强的存在感。经常从东南亚进口该品种的幼鱼，容易购买。但是要想把它饲养成魅力十足的成鱼却很困难。虽然大型慈鲷鱼的身体都十分结实易饲养，但是如果水质控制不好，就容易突发细菌性疾病使其迅速夭折。
●全长：20～30cm●栖息地：墨西哥北部●饲养难度：一般

浅蓝慈鲷鱼
学名不详

全身呈鲜艳的金属蓝色。性格粗暴，混养时需要多加注意。
●全长：25cm●栖息地：亚马孙河●饲养难度：容易

金嘴波罗
Caquetaia spectabilis

嘴巴全部长开后大得惊人，属于中型慈鲷鱼。偶尔会吞噬比自己小的鱼，饲养的时候要多加注意。
●全长：15cm●栖息地：亚马孙河●饲养难度：一般

金波罗
Heros severus var.

波罗鱼出现黄色变异而得来的固定的改良品种，并不是白子种。它的幼鱼随处可见且价格低廉。
●全长：18cm●栖息地：改良品种●饲养难度：容易

波罗鱼的一种
Heros sp.

波罗鱼有很多相似的种类，很难断定哪种和哪种是相同的品种。大型慈鲷鱼性格温和，同大的鱼适合混养。
●全长：18cm●栖息地：墨西哥●饲养难度：容易

头部的额部十分发达的金钱豹。

人们经常把鹦鹉鱼和亚洲龙鱼混养。

红白鹦鹉
"C."citrinellum × "C."synspilum

身上有红白花纹的鹦鹉鱼。花纹美丽而受人欢迎，每条鱼的花纹都不相同。白色部分面积越大越受欢迎。
●全长：30cm●栖息地：改良品种●饲养难度：一般

彩色鹦鹉
"C."citrinellum×"C."synspilum

没有尾鳍的鹦鹉鱼，色彩纷呈。人工培育的品种，很可爱。但是饲养时间一久就会褪色。
●全长：15cm●栖息地：改良品种●饲养难度：一般

血鹦鹉
"C."citrinellum×"C."synspilum

与其他品种的慈鲷鱼杂交后形成的改良品种。给人的感觉很可爱，经常与大型鱼混养。
●全长：25cm●栖息地：改良品种●饲养难度：一般

无尾鹦鹉
"C."citrinellum×"C."synspilum

尾鳍部分天生就有缺失的固定改良品种，或者是在幼鱼时就被人为地把尾鳍齐根切除。
●全长：25cm●栖息地：改良品种●饲养难度：一般

酋长鱼
Parapetenia motaguense

给人感觉有些狰狞的中美洲产大型慈鲷鱼。性格暴躁，如果想与其他的鱼混养需要2m左右的水族箱。
●全长：25cm●栖息地：尼加拉瓜●饲养难度：容易

黄麒麟
Herotilapia multispinosa

如果想试着繁殖慈鲷鱼，推荐此品种。雌鱼把鱼卵产在石头表面后，会一直守护着孵化好的幼鱼。
●全长：13～15cm●栖息地：哥斯达黎加●饲养难度：容易

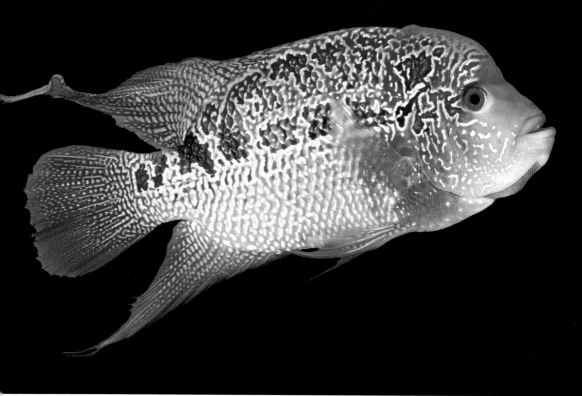

花罗汉有很多种，每个个体的花色都不一样。

花罗汉
杂交品种

结合了多种慈鲷鱼的血统，东南亚产慈
鲷鱼的改良品种。繁殖力强，易繁殖。
●全长：30cm ●栖息地：改良品种 ●饲养难
度：容易

红眼斑孔雀龙
Crenicichla notophthalma

比较常见的品种，很多人都听说过它的
名字。上图是雌鱼，背鳍上有两个像大
眼睛一样的黑斑。
●全长：10cm ●栖息地：中美洲、亚马孙河
●饲养难度：一般

豹皮黑云
Hoplarchus psittacus

平时很少进口的大型南美洲慈鲷鱼。性格
温和。属于相当珍惜的品种，难入手。
●全长：30cm ●栖息地：亚马孙河 ●饲养难
度：容易

钻石孔雀龙
Crenicichla lepidota

在亚马孙河流域随处可见的鱼种，栖息面积很广。易繁殖、性格暴躁。把水族箱底
部的沙子刨出一个小坑后产卵，雌鱼和雄鱼会一直守护着鱼卵直到幼鱼孵化成功。
●全长：25cm ●栖息地：中美洲、亚马孙河 ●饲养难度：容易

紫衣皇后
Alchocentrus sajica

眼睛呈祖母绿色，好像宝石一般。性格
温和，适合混养。
●全长：8cm ●栖息地：危地马拉 ●饲养难
度：容易

南美洲短鲷
South American Dwarf Cichlid

南美洲短鲷以最受欢迎的隐带慈鲷鱼为首，大多是体积较小的美鱼。多数品种在45cm或60cm的水族箱内就可以饲养，是最适合在小型水族箱内饲养的品种。

购买的时候需要注意，如果鱼的呼吸过于急促，很有可能是感染了细菌性疾病，最好不要购买。体色的亮泽程度也是反映鱼的健康程度的重要指标。

此鱼喜欢弱酸性的软水环境。积淀在水族箱底的垃圾会使水质恶化，换水的时候需要用蛇皮管把垃圾吸出。

此鱼喜欢活鱼饵，习惯后也可以食用片状鱼饵。但是线虫之类的鱼饵很容易把病菌带入水族箱，最好尽量避免。可以喂养一些冷冻赤虫之类的鱼饵。但是如果一直只喂养同一种鱼饵容易造成鱼类偏食，最好注意营养均衡，可以喂养一些七彩神仙鱼专用鱼饵等可以提升热带鱼体色的鱼饵，来提升鱼的体色。

喜欢生活在过滤充分的水环境中，适合采用外挂式过滤器或者是顶部过滤器。底部过滤器的过滤能力比较强，但是容易在水族箱底部的沙砾中积蓄垃圾，从而引发传染病，最好不要使用。

如果饲养同样数量的鱼，水族箱越大则越容易保持水质。很多鱼都喜欢生活在清洁的水环境里，所以最好每周换水一次，每次换1/3。

这类鱼大多比较柔弱，只可以与小型加拉辛鱼和鼠鱼等性格温和的鱼类混养。如果还有空间，可以在45~60cm的水族箱内饲养一对隐带慈鲷鱼的雌雄鱼，等它们慢慢繁殖

南美洲短鲷生活在丛林中水流平缓的小河当中。

小鱼。

南美洲短鲷可以与水草和平相处，虽然它们在产卵的时候喜欢移动水族箱底部的砂石，但是不会伤到水草。因此，它是非常适合在水草造景的水族箱内饲养的鱼种。种植大量的水草，有助于保持水质。

换水的时候，要注意使新

荷兰凤凰短鲷
Papiliochromis ramirezi

分为东南亚繁殖品种和欧洲繁殖品种。虽然两个品种是从同一种鱼演变而来的，但是在经过了数十代的分别繁殖后，二者之间已经出现了很大的差别。前者大多比较便宜，身体较弱，品质也比较一般。而后者则大多比较昂贵，品质较高，身体结实，体色鲜艳优美。

● 全长：6cm ● 栖息地：哥伦比亚 ● 饲养难度：一般

黄金荷兰凤凰短鲷
Papiliochromis ramirezi var.

凤凰鱼的改良品种，全身呈明快的橙色，与绿色水草相映衬十分优美。饲养和繁殖都很简单。

● 全长：6cm ● 栖息地：亚马孙河 ● 饲养难度：一般

珍宝短鲷
Apistogramma sp.

从嘴角到鳃盖都呈红色，十分艳丽。属隐带慈鲷鱼的人气品种。喜欢在弱酸性的软水中生活。

●全长：7cm ●栖息地：亚马孙河 ●饲养难度：一般

凤凰短鲷
Apistogramma cacatuoides

嘴部较大，背鳍和尾鳍都有红色的斑点。很难购买到。

●全长：7cm ●栖息地：亚马孙河 ●饲养难度：一般

三线短鲷
Apistogramma trifasciata

身体呈天空般的蓝色。易繁殖。推荐品种。

●全长：5cm ●栖息地：亚马孙河 ●饲养难度：一般

绿宝石短鲷
Biotoecus opercularis

身体两侧和鱼鳍上都散落着淡淡的金属绿色斑点的小型美鱼。性格温和，适合生活在比较平和的环境中。

●全长：8cm ●栖息地：亚马孙河 ●饲养难度：一般

黄金短鲷
Apistogramma borelli

南美洲短鲷的入门品种。成熟的雄鱼的各个鱼鳍都会变得很大，虽然体型较小但是绝对有观赏性。易繁殖。

●全长：5cm ●栖息地：亚马孙河 ●饲养难度：一般

水的水质、水温与水族箱内的水质、水温保持一致。如果水质和水温之间的差别过大容易引发疾病。

水质恶化则容易使鱼染上细菌感染气单胞菌。患了此病的鱼通常精神萎靡，喜欢躲在浮木的后面，呼吸急促。一旦发病就要换掉1/3左右的水，把水温调到30℃，不断换气，并投入祛病药。

慈鲷鱼大多是雌鱼和雄鱼一同照顾幼鱼，如果能够购买到一对健康的雌雄鱼，繁殖就会变得比较容易。可以先买5～8条幼鱼然后让它们自然交配结对。产卵的时候，放入一个小小的植物碗，它就会在内部的天井或者是侧壁上产卵。

体色有红色的鱼种，经常会有褪色的现象。这时候就要每天喂养一些带有提升体色功能的片状鱼饵，或者七彩神仙鱼专用鱼饵、丰年虾之类的鱼饵比较好。

阿卡西短鲷
Apistogramma agassizii

隐带慈鲷鱼属中非常受欢迎的品种，极具代表性。有很多种地域变异和改良品种，可以同时饲养很多种地域变种来观赏。

●全长：7～8cm ●栖息地：亚马孙河 ●饲养难度：一般

熊猫短鲷
Apistogramma nijisseni

雌鱼的体色和花纹与熊猫相似。雌鱼会一直陪伴在刚刚孵化出的幼鱼身边。

●全长：7cm ●栖息地：亚马孙河 ●饲养难度：一般

熊猫短鲷雌鱼的体色和花纹很像熊猫。

酋长短鲷
Apistogramma bitaeniata

美丽发达的鱼鳍配上鲜艳的体色，使它成为最受欢迎的品种之一。幼鱼价格便宜，如果认真饲养，就会长成照片中那样美丽的成鱼。
●全长：10cm●栖息地：亚马孙河●饲养难度：一般

维吉塔短鲷
Apistogramma viejita

雄鱼鲜艳的尾鳍上下方各有两条红色的条纹。配色独特，让人过目不忘。
●全长：6cm●栖息地：亚马孙河●饲养难度：一般

白帆短鲷
Apistogramma sp."ROTKEIL"

名字中的Rotkeil（来自德语）是指红色的楔形花纹，因为这种鱼在尾部有橙色的斑纹而得名。
●全长：7cm●栖息地：亚马孙河●饲养难度：一般

黑间短鲷
Apistogramma gibbiceps

外表精悍。雄鱼的腹部有5条深色的斜纹，鳃盖呈橘黄色。
●全长：6cm●栖息地：亚马孙河●饲养难度：一般

金宝短鲷
Apistogramma mendezi

在它的栖息地有很多变异品种，十分受欢迎。照片中拍摄的是雄鱼互相威吓时的场景。
●全长：7cm●栖息地：亚马孙河●饲养难度：一般

皇冠棋盘
Dicrossus maculatus

尾鳍呈圆形。应季进口欧洲繁殖的品种。
●全长：7cm●栖息地：亚马孙河●饲养难度：一般

金眼短鲷
Nannacara anomala

雄鱼成熟后体侧就会呈金属般的绿色。易繁殖，适合放在45cm的水族箱内繁殖。
●全长：6cm●栖息地：圭亚那●饲养难度：容易

珍宝短鲷的变种
Apistogramma sp.

从嘴角到鳃盖全部呈红色，十分受欢迎。尚无正式的学名。喜欢弱酸性软水。
●全长：7cm ●栖息地：亚马孙河 ●饲养难度：一般

帝王短鲷
Apistogramma norberti

个头有点高的品种。成熟的雄鱼体色呈金属蓝色，雌鱼的体侧有一个大大的黑斑。
●全长：6cm ●栖息地：亚马孙河 ●饲养难度：一般

蓝袖鲷
Taeniacara candidi

十分受欢迎的南美洲产小型慈鲷鱼。进口数量少。性格稍微暴躁但是十分受欢迎的品种。对水质较敏感。
●全长：6cm ●栖息地：内格罗河 ●饲养难度：较难

伊丽莎白短鲷
Apistogramma elizabethae

它的出现使短鲷一族的人气更加爆棚。同种之间互相争斗时鱼鳍全部张开的样子十分壮观。它的价格一度被炒得很高，现在也有日本产的混合品种，很容易就可以买到。繁殖并不很困难，请一定尝试一下。可以在有水草造景的水族箱内饲养。
●全长：7cm ●栖息地：亚马孙河 ●饲养难度：一般

马拉维湖慈鲷
Malawi Cichlid

　　非洲东南部的马拉维湖生长着许多体色鲜艳（金属蓝色或者橙色），毫不逊于原生海水热带鱼的慈鲷鱼。这些鱼从很久很久以前就生活在这片湖水中，经过长年累月的进化，终于变成现在的样子。

　　马拉维湖的水质，pH值在7.8～8.5。在水族箱内铺设珊瑚沙，或者在过滤槽内放入大量珊瑚沙当作过滤材料，就会改变水质。因此大多数的热带鱼的爱好者都会在饲养马拉维湖慈鲷的水族箱内铺设珊瑚沙。

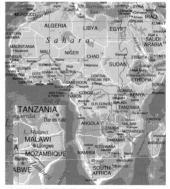

马拉维湖有很多体色鲜艳的慈鲷鱼。

马拉维湖慈鲷鱼的代表品种——阿里慈鲷鱼群。

汉斯孔雀鲷
Aulonocara hansbaenschi

马拉维湖慈鲷鱼的代表品种之一。非常美丽，养殖数量较多，进口数量也多，所以价格低廉，十分受欢迎。只要找到一对健康的雌雄鱼，繁殖并不困难。
●全长：12cm●栖息地：马拉维湖●饲养难度：一般

厚唇天使
Cheilochromis euchilus

吻部很发达，嘴唇肥厚，略微向外侧翻出。它的唇部之所以如此发达，主要是为了更方便地吸出生活在洞穴内的无脊椎动物。发情后的雄鱼体色会发生变化，全身呈蓝、红、黄三色，也被称为婚姻色。
●全长：20cm●栖息地：马拉维湖●饲养难度：一般

马拉维湖慈鲷鱼还有另一个特征：繁殖方式独特。在马拉维湖，雌鱼在湖底产卵，而后立即用嘴将卵聚合在一起。同时，雌、雄鲷鱼围着这些卵转圈，雄性慈鲷鱼对产下的卵射精，最后形成受精卵。

大多数马拉维湖雄性慈鲷鱼的尾鳍上附着一个斑点状卵。在产卵期，当雌鱼向其靠近时，雄鱼不射精，只有当雌鱼用嘴含住这个斑点状卵时材容易受精。

产卵后，雌鱼用嘴含住受精卵不吃东西，一直到嘴里孵化出小鱼为止（口内哺育）。大约3周后，嘴里吐出几十只小鱼。小鱼的数量受雌鱼体型大小、种类影响。

由于马拉维湖慈鲷鱼的种类不同，选择75cm以上的鱼缸来繁殖比较合适。可以全程领略其繁殖的精彩。

用嘴把自己产的卵拾到一起的马拉维湖慈鲷鱼的雌鱼。

阿里慈鲷的雌鱼（在口中哺育幼鱼）。

阿里慈鲷
Sciaenochromis fryeri

马拉维湖中最常见的慈鲷鱼。雄鱼的全身都呈金属蓝色，体色美丽很难让人想到它是一条淡水鱼。另一方面，雌鱼的体色呈灰褐色，比较朴素，体型比雄鱼小一圈。以它为主的马拉维湖慈鲷鱼的雌鱼会用嘴衔住鱼卵，在自己的嘴里孵化幼鱼，直到幼鱼可以自由游动时才开始进食。

●全长：15cm●栖息地：马拉维湖●饲养难度：一般

琥珀柔丽鲷
Placidochromis electra

马拉维湖产的慈鲷鱼知名品种。身体呈明丽的金属蓝色，无论是谁都会为之倾倒。

●全长：18cm●栖息地：马拉维湖●饲养难度：一般

蓝王子鱼
Copadichromis chrysonotus

雄鱼头部上方开始一直到背部或背鳍都会呈发白的金属蓝色。其他部分则成黑色。

●全长：15cm●栖息地：马拉维湖●饲养难度：一般

波里尔
Copadichromis borleyi

成熟雄鱼头部呈很深的金属蓝色，身体则呈橘黄色。它的腹鳍很长，甚至延伸到臀鳍的尖端。不只是色彩鲜艳，体型也很优美。

●全长：15cm●栖息地：马拉维湖●饲养难度：一般

白子孔雀
Aulonocara hansbaenschi var.

汉斯孔雀鲷的白子种。刚刚出现的时候价格十分昂贵，现在便宜了很多。
●全长：12cm●栖息地：马拉维湖●饲养难度：一般

非洲王子
Labidochromis caeruleus

浑身呈黄色，除了尾鳍以外各个鱼鳍都是黑色，黑白相间的美鱼。身体健康易饲养。
●全长：15cm●栖息地：马拉维湖●饲养难度：容易

白子黄金斑马鲷
Pseudotropheus lombardoi var.

幼鱼和小鱼的体色都呈浅蓝色。成年雄鱼的体色会变成上图的颜色。
●全长：10cm●栖息地：马拉维湖●饲养难度：容易

非洲凤凰
Melanochromis auratus

上图是雌鱼，成熟的雄鱼通体都是黑色，全然没有雌鱼的艳丽色彩。
●全长：10cm●栖息地：马拉维湖●饲养难度：一般

马面鱼
Dimidiochromis compressiceps

以扁平的身体为武器，捕食水草下面的小鱼小虾。它独特的外观使其成为世界上都十分受欢迎的品种，经常会从东南亚或者欧洲进口。适合在弱碱性的水环境中饲养，再配上好的过滤系统就会受到很好的成效。
●全长：15cm●栖息地：马拉维湖●饲养难度：一般

黄帝
Aulonocara baenschi

马拉维湖中的慈鲷鱼大多都呈金属蓝色，这显得它的黄色更加美丽。性格暴躁，混养的时候要多加注意。
●全长：15cm●栖息地：马拉维湖●饲养难度：一般

红马面
Nimbochromis fuscotaeniatus

雄鱼从嘴部有一条黄色的线一直延伸到背部，给人的印象十分深刻。食欲旺盛。
●全长：15cm●栖息地：马拉维湖●饲养难度：一般

火鸟
Tyrannochromis macrostoma

和恐龙的名字相同，以鱼为食。它的名字中有"暴君"的含义。
●全长：30cm●栖息地：马拉维湖●饲养难度：一般

红潜艇
Stigmatochromis modestus

发情时雄鱼的身体呈略带紫色的金属蓝色，色调稍显奇怪。主要生活在岩礁地带。
●全长：15cm●栖息地：马拉维湖●饲养难度：一般

红鹰鲷
Protomelas taeniolatus

在金属蓝的底色上加入了一些淡淡的红色，是马拉维湖的人气品种。根据地区不同有很多变异品种。
●全长：15cm●栖息地：马拉维湖●饲养难度：一般

血艳红
Copadichromis sp.

雄鱼的身体两侧呈深橙色，头部呈金属蓝色，两种颜色相映成趣。幼鱼体色特征是鱼鳍都呈橙色。

●全长：15cm●栖息地：马拉维湖●饲养难度：一般

燕尾孔雀
Aulonocara sp."swallowtail"

鱼鳍长长的，体型优雅，是孔雀类的改良品种。进口数量很少。

●全长：12cm●栖息地：马拉维湖●饲养难度：一般

帝王艳红
Aulonocara jacobfreibergi

体色呈优美的橙色。性格非常暴躁，与其他品种混养的时候需要特别注意。

●全长：12cm●栖息地：马拉维湖●饲养难度：一般

红马面的一种
Nimbochromis fuscotaeniatus

头部突出的人气品种。性格倔强，游泳能力强，容易在水族箱里称王称霸。以小鱼为食，食欲旺盛，如果喂食了过多的鱼饵会发胖，体型走样。不要喂食过多的鱼饵，同时也要注意让它们进行适度的运动，保持其优美的野性体型。

●全长：20cm●栖息地：马拉维湖●饲养难度：一般

坦噶尼喀湖慈鲷
Tanganyikan Chichlid

非洲东部的坦噶尼喀湖是非洲大陆上的大型淡水湖，位于马拉维湖的西北部。这个湖里的慈鲷鱼比马拉维湖的慈鲷鱼（大多体色鲜艳）相比，虽然体色朴素，但是性格却有独特的习性。有的鱼种会寄居在死去的海螺的空壳里，甚至在里面产卵。另外，很多小型鱼种也是很有魅力的，有很多鱼种都适合在小型水族箱里饲养。小型鱼种当中也有可以在60cm的大型水族箱内繁殖的品种。

全长约4cm的幼鱼

皇冠六间
Cyphotilapia frontosa

它体态独特，人气很高。大型的成年雄鱼的额部非常突出，整个面部很有存在感。老成的雄鱼的额部看上去好像戴着一顶帽子。根据栖息地的不同还有不同的变异品种。
●全长：30cm ●栖息地：坦噶尼喀湖 ●饲养难度：一般

成年雄鱼额头突出，随着发育成熟就好像戴着一顶帽子。

黄天堂鸟
Neolamprologus leleupi

全身呈黄色，黄色中略带橙色。是一种非常美丽的品种。同种之间喜争斗。

●全长：10cm●栖息地：坦噶尼喀湖●饲养难度：一般

彩虹蝴蝶
Tropheus moorii

遍布于坦噶尼喀湖全境的小型慈鲷鱼。根据栖息地不同有很多令人惊艳的品种。

●全长：10cm●栖息地：坦噶尼喀湖●饲养难度：一般

珍珠蝴蝶
Tropheus duboisi

幼鱼身体上散落着白色的细长斑点。长成成鱼后体侧会只剩下一条白色的线。

●全长：10cm●栖息地：坦噶尼喀湖●饲养难度：一般

多间蝴蝶
Tropheus polli

生活在坦噶尼喀湖的蝴蝶鱼品种。属于很少进口的稀有品种。眼睛呈浅蓝色。

●全长：8cm●栖息地：坦噶尼喀湖●饲养难度：一般

女王燕尾
Neolamprologus brichardi

坦噶尼喀湖小型慈鲷鱼的代表品种。由于它们没有吃食同种幼鱼的习性，所以只要在水族箱内做出复杂的岩石，多饲养一些就会有可能繁殖。

●全长：10cm ● 栖息地：坦噶尼喀湖 ● 饲养难度：一般

天堂鸟类"白尾"
Neolamprologus brichardi var.

燕尾鱼的地域变种。褐色的鳞片上散布着细小的斑点。与其他燕尾鱼品种一样都容易繁殖。

●全长：10cm ● 栖息地：坦噶尼喀湖 ● 饲养难度：一般

紫衫凤凰
Julidochromis dickfeldi

每个鱼鳍的边缘都有蓝色钩边，身体两侧有两条黑色的纵纹。水质恶化后体色会变得更黑。

●全长：8cm ● 栖息地：坦噶尼喀湖 ● 饲养难度：一般

黄金二线凤凰
Julidochromis ornatus

体色呈鲜艳的黄色。易繁殖。身体上黑色的线条越明显，表明它越健康。

●全长：8cm ● 栖息地：坦噶尼喀湖 ● 饲养难度：一般

二线凤凰
Julidochromis regani

最受欢迎的最大型凤凰类鱼。易繁殖。左侧照片中是其幼鱼。如果想促进它们繁殖，可以在水族箱内做上复杂的岩石造景。

●全长：12cm ● 栖息地：坦噶尼喀湖 ● 饲养难度：一般

黑珍珠虎
Altolamprologus calvus

小型慈鲷鱼，外形独特，人气十足，同种混养易发生激烈争斗。
●全长：10cm●栖息地：坦噶尼喀湖●饲养难度：一般

黄色系珍珠虎
Altolamprologus compressiceps

小型慈鲷鱼，外形与黑珍珠虎十分相似。这一品种的幅度更宽。喜欢在石缝或空的海螺壳中产卵。
●全长：12cm●栖息地：坦噶尼喀湖●饲养难度：一般

珍珠雀
Neolamprologus tetracanthus

外形精悍的大型天堂鸟类。体侧整齐地排列着珍珠斑点。
●全长：20cm●栖息地：坦噶尼喀湖●饲养难度：一般

蓝九间天堂鸟
Neolamprologus cylindricus

体侧有10条左右的斑马条纹，人气很高的品种。成熟后性格会变得相当暴躁。
●全长：10cm●栖息地：坦噶尼喀湖●饲养难度：一般

金衣女王
Chalinochromis brichardi

性格温和。只有头部有黑色花纹。较易繁殖。
●全长：8cm●栖息地：坦噶尼喀湖●饲养难度：一般

五间半
Neolamprologus tretocephalus

体色呈淡蓝色，体侧有5条黑色粗纹，人气很高的中性慈鲷鱼。难于繁殖。
●全长：12cm●栖息地：坦噶尼喀湖●饲养难度：一般

虎皮炮弹
Lepidiolamprologus nkambae

与炮弹类鱼有些相似。这一品种的体色中黄色更深，以小鱼为食的食鱼性鱼。
●全长：15cm●栖息地：坦噶尼喀湖●饲养难度：一般

紫帆炮弹
Neolamprologus modestus

尾鳍边缘呈金属蓝色，中型慈鲷鱼。性格温和，可以和同大的鱼混养。
●全长：14cm●栖息地：坦噶尼喀湖●饲养难度：一般

坦伯拉凤凰
Telmatochromis temporalis

体色并不艳丽，但是长着一张非常有魅力的面孔。性格暴躁，不适合混养。
●全长：8cm●栖息地：坦噶尼喀湖●饲养难度：一般

皇帝天堂鸟
Neolamprologus mustax

很久以前就已经很知名的品种，体色朴素，性格温和，适合与同大的鱼混养。
●全长：8cm●栖息地：坦噶尼喀湖●饲养难度：一般

珍珠炮弹
Lepidiolamprologus elongatus

大型鱼。体色优美却性格暴躁。杂食性鱼，喜欢小鱼等活饵。
●全长：15cm●栖息地：坦噶尼喀湖●饲养难度：一般

90天使
Boulengerochromis microlepis

非洲大陆最大型的慈鲷鱼。以捕食小鱼为生。名称就是它在当地的称呼。
●全长：60cm●栖息地：坦噶尼喀湖●饲养难度：一般

Ophthalmotilapia ventralis

中型慈鲷鱼，腹鳍较长。根据栖息地不同有很多不同颜色的变种。上图是全身呈金属蓝色的品种。另外，腹鳍尖端白色的部分在雌鱼产卵的时候具有刺激雌鱼排卵的功能叫做egg spot。所谓的egg spot是指在雌鱼产卵时，雄鱼会在雌鱼面前挥动鱼鳍，因为它的外观像鱼卵，可以刺激雌鱼顺利排卵。一般其他品种的雄鱼的egg spot都长在尾鳍上（如马拉维湖慈鲷鱼）。

●全长：18cm ● 栖息地：坦噶尼喀湖 ● 饲养难度：难，对水质变化极其敏感

米氏新亮丽鲷
Neolamprologus meeli

较大型的寄居生育(借螺类的壳繁殖)品种。外形与花贝壳相似，本品种的尾鳍与背鳍的边缘不是黄色的。
●全长：10cm ● 栖息地：坦噶尼喀湖 ● 饲养难度：一般

小丑贝
Neolamprologus brevis

也属于寄居生育的品种。如果想在水族箱内繁殖此品种，建议在箱内放置一些蜗牛的空壳，以便于它们产卵。
●全长：5cm ● 栖息地：坦噶尼喀湖 ● 饲养难度：一般

紫蓝叮当
Neolamprologus ocellatus

生活在死去的海螺的空壳里，产卵也在空壳里进行。这种产卵方式被称为寄居生育。
●全长：5cm ● 栖息地：坦噶尼喀湖 ● 饲养难度：一般

黑白蓝翼蓝珍珠
Paracyprichromis brieni

身体呈黑黄双色。十分美丽的小型鱼。进口数量极少，难于购买。
●全长：10cm ● 栖息地：坦噶尼喀湖 ● 饲养难度：一般

七彩珍珠
Xenotilapia flavipinnis

中型慈鲷鱼，喜欢游来游去捕食各种鱼饵。生活在坦噶尼喀湖湖底的沙砾中。进口数量少。
●全长：8cm ● 栖息地：坦噶尼喀湖 ● 饲养难度：一般

帝王蓝波
Cyathopharynx furcifer

中型慈鲷鱼。全身呈淡淡的金属蓝色。对于水质变化十分敏感，对过滤系统要求较高。
●全长：20cm ● 栖息地：坦噶尼喀湖 ● 饲养难度：较难

非洲淡水河慈鲷
African Chichlid in River

说起非洲慈鲷鱼，人们总会先想到马拉维湖和坦噶尼喀湖慈鲷鱼。实际上在非洲的河流里也栖息着很多魅力十足的慈鲷鱼，我们把它们统称为非洲淡水河慈鲷鱼。

非洲淡水河慈鲷鱼大多是以翡翠凤凰为代表的喜欢弱酸性软质水的品种，很受一些有经验的热带鱼爱好者的欢迎。但是在一般的热带鱼商店里却很难买到。可以在专门的热带鱼杂志上找一些较大的热带鱼商店，或者是专门收集短鲷的专卖店去购买，也有很多网店出售。

喜欢生活在充分过滤的

水环境当中，可以使用过滤效果较强的外挂式过滤器或者顶部过滤器。如果使用底部过滤器，容易在水族箱底部积累垃圾引发疾病。

如果想饲养5~8条3~5cm的小型鱼，那么45cm的水族箱也可以饲养。但是，由于大多数的鱼都对水质比较敏感，所以最好使用60cm的水族箱饲养。

由于它们对水质变化十分敏感，如果一次性换掉1/2的水，会因为新旧水环境的酸碱值差异过大而突然死亡。所以在换水之前最好先把水盛出来放上2~3天，通过换气装置使

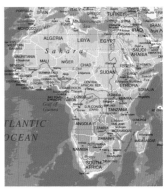

非洲的河流里有很多大小各异、容易饲养的美型热带鱼。

其与水族箱内的水温和水质一致后再换水，最好每1~2周换1/3的水。

长身猴头
Steatocranus tinanti
体型细长的小型慈鲷鱼。体色呈紫色，非常漂亮，大多进口欧洲繁殖的品种。
● 全长：10cm ● 栖息地：刚果河 ● 饲养难度：一般

马达加斯加恶魔
Paretropllus sp.
生活在马达加斯加岛的小型慈鲷鱼。鱼如其名，性格暴躁。与其他的鱼混养时需要注意。
● 全长：20cm ● 栖息地：马达加斯加 ● 饲养难度：容易

非洲十间
Tilapia buttikoferi
身体花纹醒目。大型鱼，如果单独饲养，可以使用60cm的水族箱。
● 全长：30cm ● 栖息地：西非河流 ● 饲养难度：容易

Pelvicachromis taeniatus

生活在西非河流当中的小型慈鲷鱼。性格温和。对水草没有任何伤害，适合在水草造景的水族箱内饲养。根据地域不同有6种以上的变种。最常见的是生活在尼日利亚的尼日利亚种。对水中的亚硝酸盐成分十分敏感，需要定期换水（每周换1/3），通过过滤系统将水质调整成弱酸性软质水后饲养效果更好。

全长：10cm　栖息地：尼日利亚、喀麦隆
饲养难度：一般

红肚凤凰

Pelvicachromis pulcher

具有代表性的非洲淡水河慈鲷鱼的入门品种。雌雄赤红。雌雄鱼双方共同照顾幼鱼。
全长：10cm　栖息地：尼日利亚、喀麦隆
饲养难度：容易

碧玉凤凰

Pelvicachromis subocellatus

非洲淡水河小型慈鲷鱼的一种。有多种变异品种。上图是莫安达品种。
全长：10cm　栖息地：加蓬　饲养难度：容易

刚果亮丽鲷

Lamprologus congoensis

非洲淡水河中的新亮丽鲷属品种。年轻的鱼的个体体色比较明快，成熟后体色逐渐成黑色。
全长：12cm　栖息地：刚果河　饲养难度：一般

红钻石

Hemichromis lifalili

体色最红的红钻石鱼品种。发情后雄性的体色更加赤红，更加美丽。性格极其暴躁。
全长：10cm　栖息地：刚果河　饲养难度：容易

狮头鱼

Steatocranus casuarius

雄鱼的额头部隆起，因此而得名。生性胆小，最好在水族箱内多制造些隐蔽场所便于它安家。
全长：10cm　栖息地：刚果河　饲养难度：一般

托氏变色丽鱼

Anomalochromis thomasi

非洲淡水河慈鲷鱼，易购买。身体结实的小型鱼。易繁殖。
全长：7cm　栖息地：塞拉利昂　饲养难度：一般

Pseudocrenilabrus nicholsi

褶唇丽鱼的近种，原种的嘴唇全部都是蓝色。雌鱼体色较朴素，雄鱼则非常鲜艳，很受欢迎。经常有从欧洲进口的德国产的品种。雌鱼在产卵后，把鱼卵和刚刚孵化的幼鱼含在口中加以保护。如果饲养了一对成熟的雄鱼雌鱼，繁殖就不太困难。由于它们的繁殖习性很有趣，不妨尝试一下。
全长：7cm　栖息地：扎伊尔　饲养难度：容易

体色优美的印尼产红龙鱼。

龙鱼
Arowana

远古鱼种龙鱼的近种，十分受欢迎的热带鱼品种。龙鱼的进口品种为5～6种，大半都是幼鱼进口。南美洲产的银龙和黑龙鱼也非常受欢迎，远古鱼种的魅力十足，几乎每个人都会喜欢。

喜欢在弱酸性软质水中生活，逐渐成年后对水质就有了一定的适应能力。适合的水温根据品种也有不同，一般在25～27℃，幼鱼则需要生活在27～30℃的水温中。

喜欢吃蟋蟀或者小鱼之类

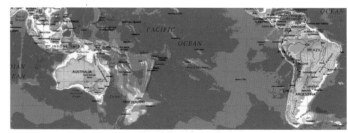

龙鱼主要生活在东南亚、大洋洲、以及南美洲一带。东南亚出产的是亚洲龙鱼，而大洋洲出产的则是珍珠龙鱼、斑点龙鱼、澳洲肺鱼，南美洲主要出产银龙和黑龙。

的活饵。适应后也可以食用干燥鱼饵。

过滤系统要选择过滤能力强的过滤器。最好将大型的顶部过滤器或者大型外挂式过滤器配合大型投入式过滤器使用。

龙鱼到了晚上喜欢跃出水面，最好在水族箱顶部加上透明的盖子（塑料盖子）再在上面压上足够的重物。

红龙
Scleropages formosus

红龙鱼是亚洲龙鱼中最受欢迎的品种。为了欣赏它长大后全身通红的身体，很多人愿意先购买幼鱼慢慢饲养。但是并不是所有的幼鱼最后都能变成红色。坚持繁殖饲养数代以后身体肯定就会变红，这是毫无疑问的。当然，也有人为了欣赏红龙鱼的鲜红的体色而花高价购买知名品种。
●全长：80cm●栖息地：印度尼西亚●饲养难度：一般

过背金龙（黄色）
Scleropages formosus

过背金龙的幼鱼经过饲养，大多都会长成金色，其中还会有一部分长成全身呈金色的金龙鱼。它比底色呈蓝色的金龙鱼更受欢迎，因为数量较少更是胜出蓝底金龙一筹。一般过背金龙的幼鱼比较神经质，稍有异动就会引起恐慌，尾鳍易脱落，需要注意。
●全长：60cm●栖息地：马来西亚●饲养难度：较难

过背金龙（蓝色）
Scleropages formosus

成年后鳞片的内侧仍然保持蓝色，被称为蓝底过背金龙，属于亚洲过背金龙的一种。深受亚洲金龙鱼爱好者的喜爱。但是大多数的过背金龙鱼都会长成黄色。而且在幼鱼的时候很难分辨出将来会长成黄色还是蓝色。
●全长：60cm●栖息地：马来西亚●饲养难度：较难

红尾金龙
Scleropages formosus

红尾金龙是价格昂贵的龙鱼中最便宜的一种，精心饲养身体体色会非常好。
红尾金龙头部像勺子。

●全长：60cm ●栖息地：马来西亚 ●饲养难度：一般

黑龙
Osteoglossum ferreirai

南美洲产的很有人气的龙鱼。幼鱼很难
饲养，容易因营养不良或是水质变化而
夭折。喂食幼鱼的时候最好用镊子夹住
红虫或者卵生鳉鱼在水面晃动做成鱼
饵。成年后体色逐渐变成金属银色，乍
一看容易误认为是银龙鱼。左图是经常
进口的一种少见的背鳍、尾鳍、臀鳍全
部连为一体的稀有品种。由于天生体态
独特而倍受欢迎。

●全长：70cm ●栖息地：亚马孙河 ●饲养难
度：较难（尤其是幼鱼）

珍珠龙鱼
Scleropages jardini
幼鱼进口数量较多。性格暴躁，混养时要注意。
●全长：60cm●栖息地：澳大利亚、巴布内亚新几内亚●饲养难度：一般

澳洲星点龙
Protomelas taeniolatus
进口数量最少的龙鱼，性格暴躁，混养的时候要注意。胡须易脱落。
●全长：60cm●栖息地：澳大利亚东部●饲养难度：一般

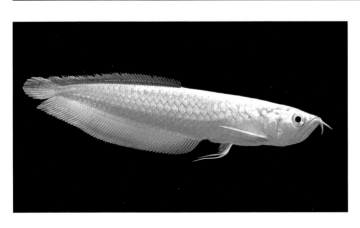

白金黑龙
Osteoglossum ferreirai
野生黑龙鱼的突然变种，数量稀少价格昂贵。黑龙鱼难以饲养，大多进口幼鱼，本品的图片也是在当地收集到的成鱼图片。本品的进口数量很少，每年只进口几条，极难购买。
●全长：70cm●栖息地：亚马孙河●饲养难度：较难

青龙
Scleropages formosus

亚洲龙鱼的入门品种。鳞片内侧有淡淡的绿色，十分美丽。

●全长：60cm ●栖息地：印度尼西亚 ●饲养难度：一般

白金青龙
Scleropages formosus

青龙鱼中比较难得的白金品种。通体呈白金的颜色，只有后半部的3个鱼鳍呈黄色，体色优美。由于品种珍贵经常在金龙鱼杂志上刊出。经过一段时间，身上的白金色会褪色。

●全长：60cm ●栖息地：印度尼西亚 ●饲养难度：一般

红龙的一种
Scleropages formosus

亚洲龙鱼的一种，生活在印度尼西亚。因为身体不会变红，所以价格比较低廉。但是如果精心饲养，也会发育成上图那样美丽的个体。大多数龙鱼都价格昂贵，多数人都是通过价格判断鱼的价值。但是对自己喜欢的鱼一定要有信心精心饲养。

●全长：80cm ●栖息地：印度尼西亚 ●饲养难度：一般

银龙鱼
Osteoglossum bicirrhosum

南美洲产的最受欢迎的龙鱼。每年冬天被大量进口。腹部呈橙色。价格比较便宜。体型较大，最终会长到1m左右，所以最好在至少1.2m左右的水族箱内饲养。
●全长：1m●栖息地：亚马孙河●饲养难度：一般

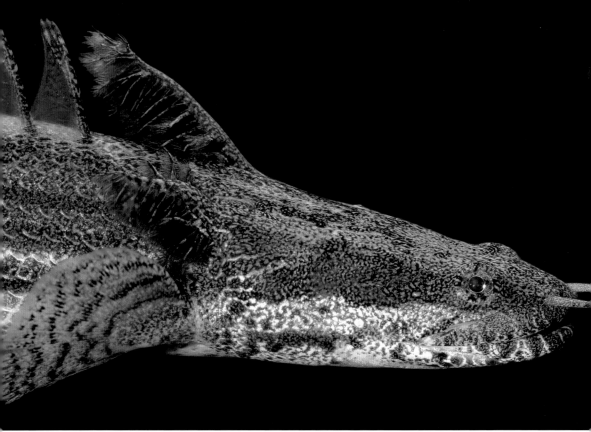

虎纹恐龙王与尼罗恐龙王杂交品种的幼鱼，外鳃非常美丽。

恐龙鱼
Polypterus

恐龙鱼主要分布在非洲大陆。

　　恐龙鱼在大型鱼爱好者中的人气经久不衰。恐龙鱼一直保持着较高人气的原因，除身体结实、易饲养之外，它最大的魅力就是外形独特兼具恐龙和鱼的特征。

　　恐龙鱼的饲养方法没有什么特别，只要按照饲养普通热带鱼的方法就可以养育出健康的个体。饲养恐龙鱼时要特别注意的是，把鱼买回家后，

需要事先确认一下在它们的体表有没有恐龙鱼特有的寄生虫附着在上面。几乎所有的野生鱼种的体表都有寄生虫附着，尤其是在购买野生恐龙鱼的时候。先不要放到水族箱里，而是先在副水族箱里进行体检然后饲养，事先确认一下健康状态是否有问题后再放入主水槽。

　　选购身体上有花纹的恐龙

鱼的时候，要注意每条鱼的花纹都是不同的，可以选择有自己喜欢的花纹的鱼购买。

斑节恐龙
Polypterus delhezi

体侧有数条横纹，因此很受欢迎。选购时要选择花纹清晰美丽的饲养。这一品种是恐龙鱼中体型比较小的鱼。
●全长：40cm●栖息地：扎伊尔●饲养难度：容易

日本产斑节恐龙
Polypterus delhezi

严格精选花纹体色优美的斑节恐龙作为种鱼，所以日本产品种的体色花纹非常美丽。
●全长：40cm●栖息地：扎伊尔●饲养难度：容易

金恐龙（白子种）
Polypterus senegalus var.

大花恐龙白子种，是恐龙鱼的入门品种。眼睛呈赤红色。
●全长：30cm●栖息地：西非●饲养难度：容易

大花恐龙
Polypterus ornatipinnis

身体上细碎地散落着黑色和黄色的斑点，营造出优美体色。虽然幼鱼价格低廉，但是成鱼十分优美。在恐龙鱼甚至所有热带鱼中都属于寿命较长的品种。有很多鱼都可以生活20年。
●全长：50cm●栖息地：扎伊尔~坦桑尼亚●饲养难度：一般

尼罗恐龙王
Polypterus bichir bichir

广大热带鱼爱好者长年以来盼望进口的品种，是真正的恐龙鱼。面部给人以凶猛的印象，性格暴躁，身体健硕。
●全长：60cm●栖息地：尼日利亚●饲养难度：容易

鳄鱼恐龙王
Polypterus bichir lapradei

恐龙鱼中和虎纹恐龙王十分相像的品种，外观介于恐龙鱼和龙鱼之间。体格健硕。
●全长：50cm●栖息地：尼日利亚●饲养难度：一般

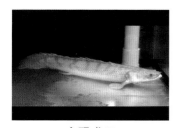

金恐龙王
Polypterus endlicheri congicus

恐龙鱼中可以发育到和虎纹恐龙王一般大小的品种。性格活泼，喜欢游泳，需要在大型的水族箱内饲养。
●全长：60cm●栖息地：尼日利亚●饲养难度：容易

大花恐龙（白子种）
Polypterus ornatipinnis var.

在水族箱内，即使只有一条本品种和其他恐龙鱼一同混养，也很难不注意到它。除了体色特殊以外，和其他恐龙鱼没有差别。
●全长：50cm●栖息地：西非●饲养难度：一般

刚果恐龙王
Polypterus weeksii

头部略圆，给人印象深刻。虽然不是醒目的品种，但是也很难让人割舍。
●全长：50cm●栖息地：扎伊尔●饲养难度：容易

虎纹恐龙王（白子种）
Polypterus endlicheri endlicheri

非常珍贵的白子种。白子种的白化程度因鱼而异，每个个体的白化程度都不相同。自然繁殖，大概在数千条乃至数万条中才会有一条白子种。图片中的白子种并不纯正，眼睛还是黑色的。
●全长：70cm ●栖息地：苏丹 ●饲养难度：容易

虎纹恐龙王
Polypterus endlicheri endlicheri

现在最受欢迎的恐龙鱼品种。最大的卖点就是它的外观既像恐龙又像龙。
●全长：70cm ●栖息地：苏丹 ●饲养难度：容易

虎纹恐龙王（短型）
Polypterus endlicheri endlicheri

虎纹恐龙王的短型鱼。这完全是人为繁殖的结果，有很多人认为身材较短的体型更好看，所以价格很高。
●全长：50cm ●栖息地：改良品种 ●饲养难度：一般

虎纹恐龙王（特短型）
Polypterus endlicheri endlicheri

短型虎纹恐龙王的特短型鱼。很多人认为它短短的身材很可爱，非常受欢迎。
●全长：50cm ●栖息地：改良品种 ●饲养难度：容易

虎纹恐龙王幼鱼
Polypterus endlicheri endlicheri

恐龙鱼的幼鱼的鳃盖部分十分突出，被称为外鳃。随着幼鱼不断发育成熟，外鳃会逐渐退化变小，直至消失。幼鱼的外鳃越突出身体状况越好，将来会长得更大。幼鱼由于外鳃突出，有的时候会因为被其他的幼鱼啃噬而有缺损，基本上不会影响发育。虎纹恐龙王的幼鱼是广大杂交鱼专家最爱的品种之一，有很多人尝试繁殖此品种。数量较多，容易购买。幼鱼的个体色花纹都不同。购买的时候最好仔细观察一下选择自己喜欢的品种。恐龙鱼幼鱼的花纹长成成鱼后也不会有什么变化，最好在一开始就选择自己喜欢的花纹的幼鱼来饲养。
●全长：70cm ●栖息地：苏丹 ●饲养难度：容易

虎纹恐龙王的白子盲目种
Polypterus endlicheri endlicheri

十分珍贵的白子盲目鱼，全身雪白，体色优美。由于天生盲目更显珍贵，人气很高。没有眼睛自然没有视力，靠嗅觉捕食鱼饵。虽然看不见但是不影响进食。
●全长：70cm ●栖息地：苏丹 ●饲养难度：容易

雀鳝
Gar

斑点雀鳝
Lepisosteus oculatus

雀鳝鱼中最常见的品种。价格低廉，但是体色花纹绝不逊色。经常有10cm左右的幼鱼进口。如果在比较小的水族箱内饲养，就会发现不知不觉它们已经长大，喜欢用尖尖的吻撞击水族箱的玻璃盖，这样很容易把它们的吻撞成椭圆形的。为了维持它们的优美体形，还是要选择大一些的水族箱。
●全长：80cm●栖息地：得克萨斯~佛罗里达●饲养难度：一般

斑点雀鳝（短型）
Lepisosteus oculatus

斑点雀鳝的短型鱼，短短的身材惹人怜爱。
●全长：60cm●栖息地：得克萨斯~佛罗里达●饲养难度：一般

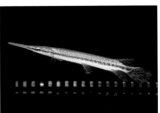

全长10cm左右的幼鱼，喂养红色卵生鳉鱼即可。

热带雀鳝
Atractosteus tropicus

体侧花纹优美，深受欢迎。现在的价格已经稍微便宜一些了。
●全长：100cm●栖息地：墨西哥、危地马拉●饲养难度：一般

福鳄
Atractosteus spatula

雀鳝中最大型的品种，最大可以养到2m左右，必须在2m以上的巨型水族箱内饲养。如果实在养不下去，可以到热带鱼商店寻求帮助。
●全长：200cm●栖息地：中美洲●饲养难度：一般

墨西哥福鳄
Atractosteus spatula

非常珍贵的墨西哥产福鳄，受人欢迎。它的食欲以及生长速度与其他福鳄相差无几。
●全长：200cm●栖息地：墨西哥●饲养难度：一般

白金福鳄
Atractosteus spatula var.

由于基因突变而得来的白金品种。体色非常优美，即使静止在水中不游动也是一道靓丽的水中景观。
●全长：200cm●栖息地：中美洲●饲养难度：一般

长吻雀鳝
Lepisosteus osseus

细长的体型配以长长的鱼吻，精悍的外表给人以深刻的印象，很受欢迎。进口的主要是幼鱼。
●全长：100cm ●栖息地：墨西哥~加拿大
●饲养难度：一般

墨西哥雀鳝
Atractosteus tropicus var.

外观与热带雀鳝十分相似，数量稀少价格昂贵。体色花纹优美。
●全长：90cm ●栖息地：墨西哥 ●饲养难度：一般

古巴雀鳝
Atractosteus tristoechus

别名为"幽灵火箭"的雀鳝。深受大型鱼爱好者的欢迎。吻部约宽大越受珍贵。
●全长：150cm ●栖息地：古巴 ●饲养难度：一般

古巴雀鳝的黄色变种
Atractosteus tristoechus

是古巴雀鳝的珍稀品种，大概数万条中只有一条。
●全长：150cm ●栖息地：古巴 ●饲养难度：一般

南美淡水魟
Stingray

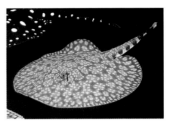

花虎纹魟
Potamotrygon sp.

虎纹魟的花纹变异品种，像有很多小花散落在身上，因此而得名。
●全长：100cm●栖息地：亚马孙河●饲养难度：较难

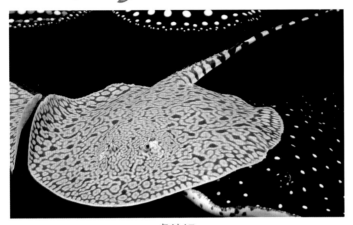

虎纹魟
Potamotrygon sp.

大型亚马孙淡水魟的人气品种。进口数量少，价格相当昂贵。虎纹魟是淡水魟中花纹最美丽的一种。和其他的淡水魟一样都是卵胎生品种，在日本已经有了成功繁殖的案例。
●全长：100cm●栖息地：亚马孙河●饲养难度：较难

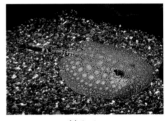

梦幻魟
Potamotrygon sp.

花纹独特优美的淡水魟。淡水魟是毒性十分强的鱼种，被淡水魟蛰到后皮肤会立刻红肿。
●全长：40cm●栖息地：亚马孙河●饲养难度：较难

金点魟
Potamotrygon henlei

黑色的体表上散落着白色的圆点，体表周围细碎地点缀着一圈小白点。
●全长：1m●栖息地：亚马孙河●饲养难度：较难

鳄纹魟
Potamotrygon sp.

以前很少进口的优美品种，近来进口数量也开始逐渐增加。
●全长：1m●栖息地：亚马孙河●饲养难度：较难

钻石黑白魟
Potamotrygon sp.

与黑白魟十分相似的品种。在体表边缘有一圈细小的白色圆点。虽然黑白魟身上也有白色的圆点，但是外观远没有钻石华丽。现在它的真正学名与品种尚不为人知，由于身体特征与金点魟十分相似，被当成是它的一种。
●全长：1m●栖息地：亚马孙河●饲养难度：较难

黑白魟
Potamotrygon leopoldi

由于优美的体色一直位于淡水魟人气品种第一名，现在已经被钻石黑白魟超越。
●全长：1m ●栖息地：亚马孙河 ●饲养难度：较难

天线魟
Plesiotrygon iwamae

有一条长长的尾巴的淡水魟。有很多个体进口后的身体状态不是很好，因其难饲养而闻名，但是也有成功饲养的案例，所以不是绝对无法饲养的品种。
●全长：300cm ●栖息地：秘鲁 ●饲养难度：较难

花魟
Potamotrygon histrix

亚马孙淡水魟中最受欢迎的品种，价格低廉。不要选择体型较瘦的个体。
●全长：40cm ●栖息地：亚马孙河 ●饲养难度：难

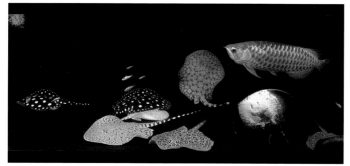

淡水魟为主的水族箱，金鱼是淡水魟的鱼饵。

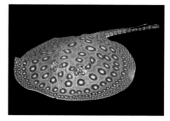

珍珠魟
Potamotrygon motoro

南美洲江魟的一种，体色鲜艳，十分受欢迎。图中的个体由于生活在底部为黑色的水族箱内，所以体色也呈黑色。
●全长：1m ●栖息地：亚马孙河 ●饲养难度：较难

其他远古鱼种

海象
Arapaima gigas

地球上最大型的有鳞淡水热带鱼。由于栖息地亚马孙河的生态环境不断恶化，现在很难找到超大型的个体，但是据记载曾经捕获过4.5~5m以上的个体。即使在人工饲养的环境下，也很快会长到超过2m，一般在3m左右。这样就必须选择4~5m的水族箱饲养。

另外，海象还很容易受惊，一旦受到惊吓会快速游动，并冲击水面。由于体积庞大力道也很强，即使很厚的塑料板盖子也可以轻松撞飞，受到冲击容易产生脑震荡导致无法呼吸而窒息死亡。（海象经常会越出水面呼吸，这时它用鱼鳔呼吸，其功能与用肺部呼吸时的原理同样。与鳃呼吸相比，它还是以鱼鳔呼吸为主，如果无法呼吸空气就会导致窒息死亡。）

个人要想终身饲养海象，必须要准备4~5m的巨型水族箱，需要具有一定的经济实力。虽然时常有小型的幼鱼进口，但最好还是不要购买。一般来说，99%的购买幼鱼饲养的热带鱼爱好者大多都会在几年内把它养死。另外，海象是受华盛顿公约保护的保护品种（需要输出国许可才可以用于商业用途的动物）。

●全长：3m ●栖息地：南美洲（巴西、圭亚那）●饲养难度：极难

澳洲肺鱼
Neoceratodus forsteri

只有澳大利亚才有的肺鱼，通过正式途径进口的品种是可以饲养的。

●全长：150~180cm ●栖息地：澳大利亚 ●饲养难度：容易

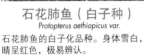

石花肺鱼（白子种）
Protopterus aethiopicus var.

石花肺鱼的白子化品种。身体雪白，眼睛呈红色，极易辨认。

●全长：150~180cm ●栖息地：非洲中部~东部 ●饲养难度：容易

石花肺鱼
Protopterus aethiopicus

非洲肺鱼中体积最大的一种。寿命在20~30年。肺鱼喜欢撕咬，注意不要被咬到。

●全长：150~180cm ●栖息地：非洲中部~东部 ●饲养难度：容易

东非肺鱼
Protopterus amphibius

进口数量较少。易饲养，不会长成巨型鱼。最好单独饲养。体色、种类很多。

●全长：50cm ●栖息地：赞比西河（非洲）●饲养难度：容易

闪光鲟
Acipenser stellatus
体形修长，体侧有优美的白线。
●全长：200cm●栖息地：黑海、亚速海、里海●饲养难度：容易

古代蝴蝶鱼
Pantodon buchholtzi
鱼如其名，如图所示，此鱼有发达的胸鳍，就好象张开翅膀的蝴蝶。
●全长：15cm●栖息地：西非●饲养难度：容易

弓鳍鱼
Amia calva
属于古代鱼种。巨大的背鳍在游动时慢慢扇动，就好像拍打着沙滩的海浪。对新环境的适应力较差，需要仔细观察。
●全长：50cm●栖息地：北美●饲养难度：一般

巨型玻璃电鳗刀鱼
学名不详
相当大型的刀鱼种。完全的夜行鱼，在比较明亮的环境下喜欢隐蔽在浮木的阴影内，难以见到。即使闻到了鱼饵的味道也很不愿意暴露在光亮下，需要适应一段时间以后才开始外出捕食。喜欢线虫或者赤虫等活饵。
●全长：50cm●栖息地：亚马孙河●饲养难度：一般

黑魔鬼
Apteronotus albifrons
因其游泳时的体态像幽灵一样晃动而得名。图中是比较珍贵的大理石花纹的品种。喜食活饵。
●全长：60cm●栖息地：亚马孙河●饲养难度：一般

草绳恐龙
Erpetoichthys calabaricus
古代鱼种，体型与鳗鱼极其相似。可以在很狭小的空间内生存，所以适合在水草造景水族箱内饲养。
●全长：40cm●栖息地：尼日尔●饲养难度：一般

白子尼罗河魔鬼
Gymnarchus niloticus var.
危险鱼种。下颚有力，可以撕碎坚硬的物体。图中是白子种，鱼鳍修长，也可以在狭小的水族箱内游泳。
●全长：90cm●栖息地：非洲●饲养难度：容易

七星刀
Chitala ornata
当幼鱼长到10cm时，体侧的眼睛状的黑斑点才完全长成，幼鱼体侧有波浪式花纹。
●全长：60cm●栖息地：湄公河、湄南河●饲养难度：容易

白子七星刀
Chitala ornata var.
七星刀的白子种。体色明显比普通品种更加鲜明。
●全长：60cm●栖息地：改良品种●饲养难度：容易

皇家刀鱼
Chitala branchi
通体呈金属银色，非常美丽。身体花纹因鱼而异，每个个体都不一样。喜食活饵，习惯了也可以吃人工鱼饵。
●全长：60cm●栖息地：湄公河●饲养难度：容易

异形鱼（鲇鱼）
Pleco

异形鱼主要分布在南美洲大陆。

异形鱼又叫鲇鱼主要分布在南美洲，有很多人们熟知的种类。这种鱼的口部像吸盘一样可以吸在岩石或浮木上，因此而闻名，不少品种也有体色花纹优美的鱼种，给人的整体感觉很奇妙，其中有很多鱼种都非常漂亮。

进口的异形鱼中有很多身体状态并不是很好，也有很多进口后身体状况一直不好无法恢复，最终夭折。所以，最好选择比较健康的品种进行购买。可以根据个体的眼部和腹部情况来判断它的健康状况，眼部和腹部没有凹陷的个体就是健康的。相反，如果眼部有凹陷那就证明身体状况相当危险，最好不要购买。

水质只要保持在弱酸性或中性的、软水与偏硬水之间就可以安全饲养了。

根据异形鱼的种类不同，适合的水温也不相同，保持在25～27℃就可以了。

冷冻鱼饵、药剂鱼饵、片状鱼饵都可以食用，喜欢植物类鱼饵，最好选则植物成分较多的片状鱼饵。如果是天然植物饵，首先推荐使用黄瓜。将削掉皮的黄瓜放到水族箱底部，它们自己就会吃得很开心，也可以把黄瓜插在叉子上沉入水族箱底。

异形鱼喜欢啃噬浮木，容易产生碎屑，所以最好使用过滤功能较强的过滤系统。使用外部过滤器的时候，木屑容易堵住吸水口，为了防止木屑进入吸水器内部，需要在吸水口加上过滤专用海绵，每周定期清理。如果吸水口被堵住，就会降低过滤能力，使水族箱内的水质恶化。最理想的过滤系统是落下式大型过滤槽，最好选择玻璃水族箱，以防被异形鱼啃噬伤到表面。（如果使用塑料制水族箱，过1～2年就会被鼠鱼啃噬损伤表面，变成磨砂的一样。）

异形鱼之间容易发生争斗，为了保证双方的安全，如果饲养较多的异形鱼最好选择较大的水族箱。为了能使水族箱内搭建树木造景高一些，可以选择比较深的水族箱。

正如前文所述，饲养这种鱼容易产生大量的木屑，水质极易污染，需要定期换水。最好每周一次，每次换1/3，然后用蛇皮管把水中的随木屑吸出。

异形鱼只与同种争斗，对于其他品种的鱼完全不关心，可以和温和的鱼一起混养。另外，无论异形鱼的外表看起来多么坚硬，和恐龙鱼混养后一夜之间就会被撕得粉碎，尸骨无存，因此要避免与恐龙鱼混养。

蓝眼隆头鲇
Panaque suttoni
虽然不是异形鱼中的珍稀品种，但是由于栖息地受到大面积破坏，进口数量极少。
●全长：30cm ●栖息地：亚马孙河 ●饲养难度：一般

红边铁甲
Pseudorinelepis pellegrini
全身布满了坚硬的鳞片，背鳍和尾鳍上有一点点橙色，是十分受欢迎的品种。
●全长：30cm ●栖息地：亚马孙河 ●饲养难度：一般

维塔塔老虎
Peckoltia vittata
即使成熟以后也身体也不会超过10cm的小型异形鱼。易饲养，但会侵蚀水草。
●全长：30cm ●栖息地：亚马孙河 ●饲养难度：一般

异形鱼基本上都会侵食水草，不要在有水草造景的水族箱内饲养。但是有一种学名叫做多辐脂身鲇（俗称琵琶鼠）的幼鱼不侵食水草，只吃里面的苔藓，是清洁水族箱的宝物。不过它还是会侵食光叶水菊这类水草的柔软叶子。

除了白点病以外，不会罹患那种非常醒目的疾病，是一种身体很结实的鱼种。鱼饵不足时容易营养不均衡，需要注意。

还有一点需要特别注意的是，异形鱼的胸鳍比较尖锐，取放的时候一定要小心。

*P111~123介绍南美洲产鲇鱼，P124~125介绍亚洲和非洲产鲇鱼。

琵琶鼠
Hypostomus sp.

非常漂亮的大型异形鱼，尤其是幼鱼最为美丽。极具人气的一个品种。经常有10cm左右的幼鱼进口。
●全长：30cm●栖息地：亚马孙河●饲养难度：一般

清道夫
Hypostomus plecostomus

与大帆皇冠琵琶相同，都是从东南亚进口大量幼鱼。幼鱼喜食苔藓。
●全长：30cm●栖息地：亚马孙河●饲养难度：容易

刺甲鲇属的变种
Acanthicus sp.

全身呈黑色的大型异形鱼。很受大型异形鱼爱好者喜爱，极具魅力。进口数量少。
●全长：60cm●栖息地：亚马孙河●饲养难度：一般

大帆皇冠琵琶
Glyptoperichthys gibbiceps

具有较大背鳍的大型异形鱼。主要从东南亚进口。经常与大型亚洲龙鱼混养，以水族箱内的苔藓为食。
●全长：30cm●栖息地：亚马孙河●饲养难度：容易

白子大帆皇冠琵琶
Glyptoperichthys gibbiceps var.

大帆皇冠琵琶的白子种，现在比较常见，价格并不昂贵。
●全长：30cm●栖息地：亚马孙河●饲养难度：容易

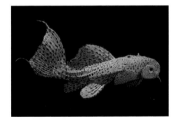

黑星坦克
Pseudacanthicus spinosus

体色极具特色的大型异形鱼。根据采集地不同，进口个体的体色会有差异，进口数量不多。
●全长：30cm●栖息地：亚马孙河●饲养难度：容易

吸附在浮木上的黑星坦克。这一品种喜欢栖息在浮木上。

超级黄色系鼠鱼
Pseudacanthicus sp.

尾鳍的上下两侧以及背鳍的一部分呈红色，是一种很美的异形鱼。价格并不低廉，但由于人气很高，进口数量较多，不难购买。
●全长：30cm●栖息地：亚马孙河●饲养难度：容易

维塔塔老虎王
Hypancistrus sp.

成鱼全长不超过10cm的小型鱼。人气很高。每个个体身上的花纹都不同。具有较高的收藏价值。
●全长：8cm●栖息地：亚马孙河●饲养难度：一般

熊猫异型
Hypancistrus zebra

全身呈斑马状的黑白条纹，属于小型异形鱼。由于其体色花纹优美，在世界范围内人气极高。喜食植物饵。
●全长：12cm●栖息地：申谷河●饲养难度：一般

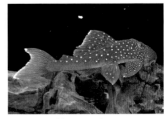

梦幻蓝骑士
Loricariidae sp.

与其他品种不同，全身都呈淡淡的蓝色，属小型异形鱼。十分受欢迎。进口数量非常少，价格昂贵。
●全长：7cm●栖息地：危地马拉●饲养难度：一般

银河满天星
Leoporacanthicus galaxias

全身撒满了白色斑点，外观优美。幼鱼进口数量较多。喂食细小的鱼饵，幼鱼就会长成成鱼。
●全长：30cm●栖息地：亚马孙河●饲养难度：一般

"图库鲁伊"超级黄色系鼠鱼
Pseudacanthicus sp.

全身呈鲜艳的橘黄色，是异形鱼的一种。进口数量少，难购买。外观与黄色系鼠鱼非常相似，但是可以通过外形和颜色加以区分。
●全长：30cm●栖息地：亚马孙河●饲养难度：一般

黄色系鼠鱼
Pseudacanthicus sp.

尾鳍上下部分和背鳍的一部分呈橘黄色。属于经常进口的一个品种。
●全长：30cm●栖息地：亚马孙河●饲养难度：一般

白珍珠剑尾
Acanthicus adonis

幼鱼浑身呈黑色,全身有很多白色的斑点。随着逐渐成熟白色斑点逐渐褪去,最后变成一条纯黑色的鱼。
●全长:45cm●栖息地:亚马孙河●饲养难度:一般

龙头帆鳍豹纹异形鼠
Megalancistrus sp.

全身长满尖锐的刺,属大型异形鱼。性格暴躁,经常与其他异形鱼发生争斗。进口数量少,应季会有进口。根据采集的地域不同,有时也会进口全身呈黄色的品种。
●全长:45cm●栖息地:亚马孙河●饲养难度:一般

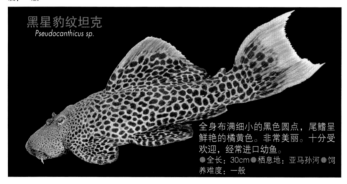

黑星豹纹坦克
Pseudocanthicus sp.

全身布满细小的黑色圆点,尾鳍呈鲜艳的橘黄色。非常美丽。十分受欢迎,经常进口幼鱼。
●全长:30cm●栖息地:亚马孙河●饲养难度:一般

橙鳍凯撒鼠
Loricariidae sp.

幼鱼体色及其美丽,属大型异形鱼。每个个体的花纹都不相同,可以挑选自己喜欢的来饲养。
●全长:25cm●栖息地:申谷河(南美洲)
●饲养难度:一般

木桩鼠
Pseudacanthicus sp.

木桩鼠鼠的普通品种,因为体型像木桩因此而得名。它的特点是背鳍与脂鳍连成一体。
●全长:20cm●栖息地:亚马孙河●饲养难度:一般

黄金木桩鼠
Pseudacanthicus sp.

黄金木桩鼠的黄色变种的一种,并没有完全变黄,还残留一部分普通品种的体色特征。
●全长:30cm●栖息地:亚马孙河●饲养难度:一般

黄金木桩鼠
(完全变黄的个体)
Pseudacanthicus sp.

黄金木桩鼠的黄色变种。身体几乎全部呈黄色,体色非常艳丽。
●全长:20cm●栖息地:亚马孙河●饲养难度:一般

由于争斗，双方鱼鳍都完全张开的黑星豹纹坦克和龙头帆鳍豹纹异形鼠。

皇冠豹
Panaque sp.

最流行的品种，图中为幼鱼。要注意保持喂饵，否则会变得消瘦。
●全长：30cm●栖息地：亚马孙河●饲养难度：一般

绿皮皇冠豹
Panaque nigrolineatus

全身呈绿色的皇冠豹。体色非常优美的个体，很少有这么美丽的个体进口。
●全长：40cm●栖息地：亚马孙河●饲养难度：一般

钻石皇冠豹
Panaque albomaculatus

全身都有斑点的皇冠豹。因其优美的花纹而备受欢迎。随着不断发育身上的花纹也会发生变化。
●全长：30cm●栖息地：亚马孙河●饲养难度：一般

哥伦比亚白金皇冠豹
Panaque nigrolineatus

皇冠豹的白金品种。属于皇冠豹中最美丽的一种，人气也最高。很少进口30cm的大型个体。在水族箱内饲养，身上的白金体色很难保持像图中一样鲜明，体色会变得暗淡。为了保证鱼的寿命，可以秉着少食多餐的原则进行喂养（最好一天3次），尽量喂食各种营养丰富的鱼饵。
●全长：40cm●栖息地：亚马孙河●饲养难度：一般

正在游泳的小精灵鱼，小精灵鱼并不善于游泳。

吸附在玻璃表面的小精灵鱼。

珍珠小精灵
Otocinclus sp.

小精灵鱼当中进口数量最多的品种，如图所示体侧沿着侧线有一条黑线。仔细观察一下小精灵鱼的个体，就会发现它们的花纹都不相同。水草造景水族箱内经常饲养这种鱼用来清理水族箱内的苔藓。

●全长：4cm●栖息地：亚马孙河●饲养难度：容易

黑色小精灵
Pseudotocinclus sp.

体色呈黑色，是比较有特点的一种小精灵鱼。体色较深，即使同时养很多条也不会觉得很炫目。

●全长：6cm●栖息地：亚马孙河●饲养难度：一般

斑马小精灵
Otocinclus sp.

属于小精灵鱼中的新面孔，体色黑白相间，色彩搭配很大胆，在水草造景水族箱内十分醒目。

●全长：4cm●栖息地：亚马孙河●饲养难度：一般

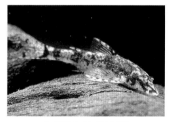

小精灵鱼的变种
Otocinclus sp.

小精灵鱼的种类有很多不知名的个体进口。图中就是大理石花纹的个体。

●全长：4cm●栖息地：亚马孙河●饲养难度：一般

下口蜻鲇
Hypoptopoma thoracatum

在人们的印象里，小精灵鱼中大多是3cm的小型鱼，但这是一种可以长到10cm左右的大型鱼。

●全长：10cm●栖息地：亚马孙河●饲养难度：一般

弓筛耳鲇
Otocinclus flexilis

身体花纹优美的大型鱼。进口数量少，大多和其他品种混合在一起进口。

●全长：7cm●栖息地：亚马孙河●饲养难度：一般

绿吸甲鲇
Loricaria sp.

身体呈绿色的小型吸甲鲇。吻部如同发达的吸盘一样，这种鱼依靠其吸力移动身体。饲养这种鱼必须要有浮木。

●全长：12cm●栖息地：亚马孙河●饲养难度：一般

燕尾喷射机
Farlowella gracilis

身体极细的细管吻鲇，在商店里仅以燕尾喷射机之名出售。容易饿瘦，最好注意经常喂食。
●全长：20cm●栖息地：亚马孙河●饲养难度：一般

鲟鱼直升机
Hemiodontichthys acipenserinus

易饲养的吸甲鲇品种。头部会让人联想到鲟鱼，因此而得名，进口数量少。
●全长：10cm●栖息地：亚马孙河●饲养难度：一般

巨武士
Spatuloricaria sp.

它的脸颊两侧长满了坚硬的胡须，属于大型吸甲鲇。作为珍稀物种而进口，数量极少。
●全长：20cm●栖息地：亚马孙河●饲养难度：一般

利用腹鳍停留在水草上休息的小精灵鱼。这是在水族箱内经常看到的情景。

巴拉圭直升机
Sturisoma barbatum

进口数量极少的珍稀品种，很容易和皇冠直升机混淆。这一品种更加珍稀，身体较小，略微缺少一些华丽的感觉。
●全长：20cm●栖息地：亚马孙河●饲养难度：一般

皇冠直升机
Sturisoma panamense

体型极细，属于鲇鱼的一种。各个鳍上的鳍条都延长出一段，给人感觉很艳丽。
●全长：25cm●栖息地：中美洲（巴拿马、厄瓜多尔）●饲养难度：一般

阿帕奇直升机
Lamontichthys filamentosus

与皇冠直升机非常相似的品种。很少进口。成鱼属于较大型品种，需要在90cm以上的水族箱内饲养。
●全长：25cm●栖息地：亚马孙河●饲养难度：一般

琴猫
Bunocephalus coracoideus

因其体型与班卓琴相似而得名。性格极其温和，从不主动攻击其他鱼类。喜食冷冻红虫等鱼饵。本品种的视力较弱，只有光感难以视物，全凭嗅觉寻找鱼饵。

●全长：12cm●栖息地：亚马孙河●饲养难度：容易

豹斑脂鲇
Pimelodus pictus

亚马孙产中型鲇鱼中的人气品种。容易购买。通过长长的胡须的触觉寻找鱼饵。性格活泼，喜欢在水族箱内游动。

●全长：20cm●栖息地：亚马孙河●饲养难度：一般

虎皮红尾鸭嘴
Phractocephalus hemioliopterus × Pseudoplatystoma fasciatum

红尾鸭嘴与虎皮鸭嘴的杂交品种。这种鱼集中了两种鱼的特征，十分有趣。

●全长：100cm●栖息地：杂交品种●饲养难度：容易

假斑马鸭嘴
Brachyplatystoma juruense

花纹优美的大型品种。进口数量少。在较暗的环境中饲养会导致体色暗淡。

●全长：80cm●栖息地：亚马孙河●饲养难度：容易

枯叶鸭嘴
Tetranematichthys quadrifilis

模仿枯叶外观的拟态鱼种，属于珍贵的中型鲇鱼。图中为雄鱼。进口数量极少的珍稀鱼种，对于鱼饵并不挑剔。

●全长：15cm●栖息地：亚马孙河●饲养难度：一般

短型鸭嘴
Trichomycterus sp.

性格温和。饲养并不困难，喜食赤虫或线虫。

●全长：6cm●栖息地：亚马孙河●饲养难度：一般

豹鲸的一种
Tatia sp.

体型娇小的豹鲸鱼。生性胆小，喜欢在浮木下面隐蔽的地方安家。

●全长：5cm●栖息地：亚马孙河●饲养难度：容易

斑马鸭嘴
Merodontotus tigrinus

全身呈斑马条纹，非常诱人。它是鲇鱼一族里最美的品种。全身的美丽花纹根据个体的栖息地不同，有规则排列的也有不规则排列的品种。最近逐渐有人喜欢把这种鲇鱼和龙鱼一同混养。

●全长：80cm●栖息地：亚马孙河●饲养难度：容易

大嘴鲸食饵过量后，腹部会成倍胀大。

大嘴鲸
Asterophysus batrachus
头部和嘴部都很大，属于相当珍贵的鲇鱼品种。过去的进口数量非常少，甚至可以数得过来，很多鲇鱼爱好者一直盼着能够有这种鱼进口。本品种在水族箱内很难自己找到食物，必须要用镊子夹住鱼饵在其嘴部附近晃动吸引它的注意它才吃得到。这种鱼一旦吃得比较饱，腹部就会像气球一样膨胀起来，第一次看到的人可能会有些吃惊。
●全长：20cm●栖息地：秘鲁●饲养难度：一般

虎皮鸭嘴（短型）
Pseudoplatystoma fasciatum
虎皮鸭嘴中比较珍贵的短型品种。身体娇小，给人感觉十分可爱。
●全长：60cm●栖息地：亚马孙河●饲养难度：容易

飞凤战车
Dianema urostriatum
尾鳍花纹十分漂亮的小型鲇鱼。最喜欢吃活饵，有的时候也喜欢吃干燥鱼饵。
●全长：12cm●栖息地：亚马孙河●饲养难度：一般

滨岸护胸鲇
Hoplosternum littorale
性格活泼，喜游泳，放到水族箱内会使整个水族箱都变得热闹起来。还有一个别名叫做"黑护胸鲇"。
●全长：18cm●栖息地：亚马孙河●饲养难度：容易

虎皮鸭嘴
Pseudoplatystoma fasciatum
头部扁平像一个大铲子，属大型鲇鱼。身体上有漂亮的花纹，很受欢迎。在当地主要以食用小鱼为主。
●全长：80cm●栖息地：亚马孙河●饲养难度：容易

撒旦鸭嘴
Brachyplatystoma filamentosum

世界上最大的鲇鱼，因此而闻名。幼鱼和小鱼时期，胡须和尾鳍都很长，拉出两条长长的丝。易受惊吓，稍有异动就会极速游动，容易撞到玻璃壁损坏吻部。如果经常这样，整个吻部就会变形，直接影响到它的观赏价值。因此饲养这种鱼最好使用大型水族箱，一般来讲至少要在180cm以上才可以。
●全长：300cm●栖息地：亚马孙河●饲养难度：容易

维兰堤鸭嘴
Brachyplatystoma vailanti

有着又大又长的脂鳍，属于大型鲇鱼。体型优美的人气品种。进口数量少。
●全长：90cm●栖息地：亚马孙河●饲养难度：容易

鸭嘴
Goslinia platynema

拥有长长的胡须的大型鲇鱼。胡须笔直地伸出，用来探觉危险和猎物。
●全长：80cm●栖息地：亚马孙河●饲养难度：容易

红尾鸭嘴
Phractocephalus hemioliopterus

热带鱼爱好者喜爱的品种，非常知名的大型鱼。过去价格昂贵，在有幼鱼繁殖成功后价格变得低廉。经常有5cm左右的幼鱼进口，购买容易。如果不断喂养鱼饵就会长得很快，感觉好像就在一刹那间长大的一样，让人惊讶。但是，除了10cm以下的幼鱼外，还是要少喂一些。通过控制鱼饵的数量，就可以使它不致于长得过大。即使每周喂一次也不会饿死。
●全长：120cm●栖息地：亚马孙河●饲养难度：一般

红尾鸭嘴的幼鱼，图中上方的为白子种。

抢食鱼饵的红尾鸭嘴。

帝王鲸的雄鱼和雌鱼（左雄右雌）。

帝王鲸
Lophiosilurus alexandri

通常都是趴在河底的沙砾中，靠捕食游过身边的小鱼和甲壳类动物为食，属于大型鲇鱼。它的体型扁平，就好像是被压扁了一样。面部构造也很有喜感。进口数量少，但是在日本已经有不少爱好者成功地繁殖了帝王鲸，经常会有繁殖的个体流通到市场上。雌鱼成熟后有了卵子，就会在沙床上挖一个小坑，雌雄交配产卵。

●全长：80cm●栖息地：亚马孙河●饲养难度：一般

爱尔温尼铁甲武士
Megalodoras iriwini

全身仿佛披着铠甲一样的大型鲇鱼。带有尖刺的铠甲实际上是有大型的坚硬鱼鳞演化而来的。看上去外观有些奇怪，但是性格很温和。

●全长：70cm●栖息地：亚马孙河●饲养难度：容易

杜沙里斯铁甲武士
Lithodoars·dorsalis

在身体两侧有大型的坚硬的鳞板，属南美洲产大型鲇鱼。图中是全长25cm左右的未成年鱼。这种鱼也是所谓的压箱底的人气品种。

●全长：60cm●栖息地：亚马孙河●饲养难度：容易

长须阔嘴鲸的近种
Pseudopimelodus fowleri

与长须阔嘴鲸相近似的大型鲇鱼。性格暴躁，不适合混养。

●全长：60cm●栖息地：南美洲圣弗朗西斯科河●饲养难度：容易

长须阔嘴鲸
Pseudopimelodus fowleri

给人感觉很有魅力的一种大型鲇鱼。一点也不怕生，习惯了以后会从主人手里抢鱼饵吃。另外，如果水族箱内环境好，它还会头朝下悬浮在水族箱里。

●全长：60cm●栖息地：亚马孙河●饲养难度：容易

三线豹鼠
Corydoras trilineatus

体态优美价格低廉的鼠鱼，人气很高。易繁殖，成熟后的雌鱼比雄鱼大两圈，易分辨。可以与自己不同种类的鼠鱼一同混养。同种混养时需要注意选择同大的鼠鱼一同饲养，如果大小有差异，小鱼的鱼饵容易被大鱼抢走。
●全长：5cm●栖息地：亚马孙河●饲养难度：容易

黑影鼠
Corydoras sp. cf. semiaquirus

体侧有很大的深色的三角形斑点。喜食活饵，不仅仅是线虫、冷冻赤虫，片状鱼饵也可以使用。
●全长：8cm●栖息地：秘鲁●饲养难度：容易

金线绿鼠
Corydoras aeneus

众多的鼠鱼种类当中最常见的一种。经常有东南亚繁殖的大型个体进口。易繁殖。
●全长：6cm●栖息地：亚马孙河●饲养难度：容易

红帆鼠
Corydoras concolor

较高级的品种。并不是所有的热带鱼商店都有卖，需要到鼠鱼专卖店选购。
●全长：6cm●栖息地：亚马孙河●饲养难度：容易

月光鼠
Corydoras hastatus

最小的鼠鱼。喜欢群游，可以在大型的水草造景水族箱内饲养10～20条进行观赏。
●全长：3cm●栖息地：亚马孙河●饲养难度：一般

飞凤鼠
Corydoras robineae

尾鳍张有代表性的黑色条纹。生性好动，经常在水流流动的水族箱的中层和同种一同游来游去。
●全长：6cm●栖息地：亚马孙河●饲养难度：一般

白棘豹鼠
Corydoras pulcher

体侧连续排列着4～5排黑点，图中是只有头部呈白子化的品种。十分珍贵。
●全长：8cm●栖息地：亚马孙河●饲养难度：一般

长吻巨无霸
Brochis multiradiatus

和鼠鱼很相像，是很受欢迎的长鼻型品种。会长得很大，时有进口。
●全长：15cm●栖息地：厄瓜多尔●饲养难度：容易

鼠鱼在南美洲各地都有分布。它们在栖息地的水流比较平缓的河流（流入大西洋）中生活。

英哥鼠
Corydoras axelrodi

在众多的鼠鱼当中并不普通的品种，身体花纹朴素优美，人气很高。
●全长：5cm●栖息地：亚马孙河●饲养难度：容易

花鼠
Corydoras paleatus

通称花鼠或者青鼠。从过去开始就已经有人开始饲养了。经常会有在东南亚繁殖的个体进口。
●全长：5cm●栖息地：亚马孙河●饲养难度：容易

白子金线鼠
Corydoras aeneus var.

已经能稳定繁殖的白子种改良品种。最受欢迎的鼠鱼之一。易繁殖。
●全长：7cm●栖息地：亚马孙河●饲养难度：容易

戴维鼠
Corydoras davidsansi

以"新红斜纹"而知名，人气很高的鼠鱼。体型和色彩都很协调的品种。
●全长：5cm●栖息地：亚马孙河●饲养难度：容易

长吻红翅帝王鼠
Corydoras sp.

十分珍贵的美丽品种，人气很高的鼠鱼。红翅帝王鼠的长吻型，经常进口。
●全长：6cm●栖息地：亚马孙河●饲养难度：一般

国王豹鼠
Corydoras caudimaculatus

人气很高，进口数量较少的品种，最近比较常见。尾鳍根部呈黑色。
●全长：5cm●栖息地：亚马孙河●饲养难度：容易

斑背鼠
Corydoras bondi coppenamensis

体色明快，漂亮，十分受人们欢迎的品种。进口数量不多，根据采集地的情况时有进口。
●全长：4cm●栖息地：亚马孙河●饲养难度：容易

长吻印第安鼠鱼
Corydoras sp.

印第安鼠鱼的长吻型。进口数百条印第安鼠中才会有一条，十分罕见。
●全长：7cm●栖息地：亚马孙河●饲养难度：容易

太空飞鼠
Corydoras barbatus

最有人气的鼠鱼。栖息地的河流的水温较低，夏季如果水温过高容易导致水中的氧分不足，需要注意。水温在30℃以上就会有死亡的危险。适合的水温是20～25℃（23℃左右）。成对饲养容易繁殖。
●全长：10cm●栖息地：巴西东南部●饲养难度：较难

满天星反游猫
Synodontis angelicus

全身呈黑色，上面有漂亮的白色水珠模样的花纹，属于非洲产的猫鱼。这种鱼的花纹个体的差别很大，有的水珠斑点较大，数量较少；也有的数量较多，斑点较小；还有的水珠花纹全部连在一起形成了一种花纹。外形因个体差异而不同。喜欢同种之间激烈争斗，一个水族箱内只能饲养一条这样的鱼。但是对于其他品种的鱼类却没有什么威胁，能够和平相处。

●全长：15cm ●栖息地：刚果河 ●饲养难度：一般

皇冠琵琶鼠
Synodontis eupterus

背鳍中的鳍条呈竹节状延伸，属非洲产中型鲇鱼。夜行鱼，在夜间活动比较频繁。对鱼饵不挑剔。

●全长：15cm ●栖息地：尼罗河 ●饲养难度：一般

玻璃猫鱼
Kryptopterus bicirrhis

身体透明，不仅受热带鱼爱好者的喜爱，普通饲养者也很喜欢。放入水族箱时容易罹患白化病。

●全长：8cm ●栖息地：泰国、马来西亚 ●饲养难度：一般

白剑尾鸭嘴
Mystus wyckii

全身漆黑，只有尾鳍的上部和下部呈白色。属于鲇鱼的一种，身体结实易饲养。经常有小鱼进口。

●全长：60cm ●栖息地：泰国、印度尼西亚 ●饲养难度：容易

金丝猫
Clarias batrachus

属于大型鲇鱼中的大肚汉。幼鱼经常大量进口。对鱼饵不挑剔，长得很快。

●全长：70cm ●栖息地：东南亚 ●饲养难度：容易

电鲇
Malapterurus electricus

有名的发电鱼，是地球上放电性最强的三种鱼之一，排名在电鳗之后，可以放出400～200V的强电，海产电鳐位列第三。有触电的可能，处理的时候要注意。身体结实，但是幼鱼对水质较敏感。基本上是单独饲养，长大以后可以和恐龙鱼等强壮的鱼一起混养。也有白子种。

●全长：50cm ●栖息地：非洲热带地区 ●饲养难度：一般

淡水鲨鱼
Pangasius sutchi

东南亚产的大型鲇鱼中的一种。幼鱼经常会大量进口。白子种个体也有进口。对鱼饵不挑剔，长得很快。

●全长：60cm ●栖息地：泰国 ●饲养难度：容易

白金豹皮
Synodontis multipunctatus

在口孵慈鲷鱼（把鱼卵和幼鱼放在口中哺育保护的品种，如彩虹蝴蝶）产卵时一同产卵混在其中，包括哺育也交给慈鲷鱼完成。数量不多，要在一定的时令进口，所以难以购买。由于慈鲷鱼的雌鱼会把它的卵和自己的卵一起放在口中保管，而鲇鱼的卵孵化要比慈鲷鱼的卵孵化速度快，孵化出的鲇鱼幼鱼就会吃掉慈鲷鱼的鱼卵。可怜的慈鲷鱼的雌鱼经过长时间的绝食，孵化出的幼鱼竟然不是自己的孩子，而全都是鲇鱼的孩子。
●全长：15cm●栖息地：坦卡你噶湖●饲养难度：一般

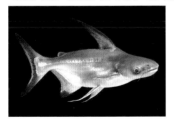

成吉思汗
Pangasius sanitwongsei

黑色成吉思汗的一种。成长速度快，在大型水族箱内频繁喂食，会长得非常大。
●全长：60cm●栖息地：湄公河●饲养难度：容易

黑色成吉思汗
Pangasius sp.

非常大型的黑色成吉思汗鲇鱼一般禁止饲养，但是在日本的少数水族馆内有饲养。
●全长：30cm●栖息地：湄公河●饲养难度：一般

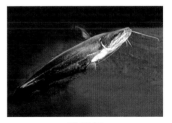

叉尾鲇
Pseudacanthicus sp.

东南亚产的鲇鱼品种，和日本产的鲇鱼相似。嘴比较大，要避免与小型鱼一同饲养。
●全长：30cm●栖息地：东南亚●饲养难度：容易

黑金刚巨鲇
Wallago miostoma

嘴部比较大的亚洲产鲇鱼。性格暴躁，在大型水族箱内饲养时，可以混养。但是会吞噬小鱼。
●全长：1m●栖息地：印度、泰国●饲养难度：容易

石鲇的黄色变异个体
Silurus lithophilus

生活在日本琵琶湖内的石鲇的黄种变体。日本的热带鱼商店很少购进琵琶湖采集的个体。夏季水温过高会导致缺氧，为了能够让它平安地度过夏季，最好安装空调系统，使水温保持在25℃以下。
●全长：30~50cm●栖息地：日本（琵琶湖、余吴湖）●饲养难度：较难

其他种类热带鱼
The Others

正宗泰国虎
Coius microlepis

非常受大型鱼热带鱼爱好者欢迎的亚洲热带鱼。身体肥厚，长有非常清晰的黑色横纹，是大型鱼当中比较特殊的一种美型鱼。这种鱼必须生活在足够宽敞的水族箱内，同种之间也不会发生激烈的争斗，适合混养。另外，这种鱼食量非常大，鱼饵很费钱。由于它自身的体积就不会长得过大，所以不需要考虑通过减少鱼饵的数量控制发育。最好使用过滤性能很强的过滤系统，定期换水，喂食足够的鱼饵。最大可以长到60cm，但是一般很少能够长到50cm以上，长得越大越容易受到热带鱼爱好者的喜爱。但是，如果喂食了过多的鱼饵就会使体型走样，使它丧失观赏性。最好在水族箱内放一个副泵，造出水流，让它能够适当运动。

●全长：60cm●栖息地：印度、柬埔寨●饲养难度：容易

新几内亚虎的幼鱼（全长约15cm）。

新几内亚虎
Coius campbelli

土黄色的身体上有6条粗粗的横纹。幼鱼时期体色明快，但是随着发育体色逐渐变暗。如果尽量保证它生活在明亮的环境中（水族箱底使用白沙），体色也会变得明快鲜艳。食量较大，所以水质容易污染，需要定期换水。

●全长：40cm●栖息地：新几内亚●饲养难度：容易

新几内亚虎的成鱼（全长约40cm）。

以正宗泰国虎为中心的大型热带鱼（混养）水族箱，其他鱼分别是虎斑恐龙王、过背金龙、热带雀鳝。

正宗泰国虎（短型）
Coius microlepis var.

正宗泰国虎的短型品种，对于大型鱼爱好者来说它身体较小，十分可爱。

●全长：45cm ●栖息地：泰国、柬埔寨 ●饲养难度：容易

白色正宗泰国虎
Coius microlepis

也被称为正宗泰国虎的白色品种。底色呈白色的品种比较少，非常珍贵。

●全长：：45cm ●栖息地：泰国、柬埔寨
●饲养难度：容易

印尼虎
Coius polota

它身体上的黑色横纹比正宗泰国虎多一条，因此而得名。只要数一下尾鳍根部附近黑色横纹的数量，就可以简单地区分出正宗泰国虎和本品种，本品种有3条，正宗泰国虎有2条。本品种通常比在水族箱内饲养的正宗泰国虎要小一些（大约40cm左右）。

●全长：40~60cm（野生个体）●栖息地：印度尼西亚 ●饲养难度：容易

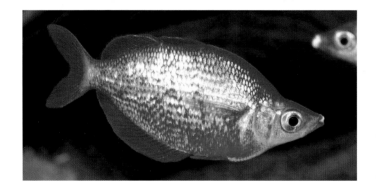

红苹果鱼
Glossolepis incisus

成熟雄性全身呈鲜艳的赤红色，是彩虹鱼的一种。长大以后背部高耸，是本种独特的体型。

●全长：15cm●栖息地：尼日利亚●饲养难度：容易

马达加斯加彩虹鱼
Bedotia geayi

各个鱼鳍都有红色和黑色的线条，给人以高雅的感觉。适合在水草造景的水族箱内群游。

●全长：10cm●栖息地：马达加斯加●饲养难度：容易

石美人
Melanotaenia boesemani

身体的后半部分呈鲜艳的橘黄色，十分受欢迎的品种。成群饲养的时候效果非常突出。繁殖也不困难。

●全长：8cm●栖息地：西部巴布亚●饲养难度：容易

红美人
Melanotaenia splendida

很久以前就已经很知名的彩虹鱼。身体结实易饲养。繁殖不困难。

●全长：10cm●栖息地：澳大利亚●饲养难度：容易

七彩霓虹
Telmatherina ladigesi

配色有趣，很受欢迎的品种。性格相当温和，适合混养。

●全长：6cm●栖息地：苏拉威西岛●饲养难度：容易

霓虹燕子
Pseudomugil furcatus

最适合在水草造景的水族箱内饲养的小型彩虹鱼，60cm的水族箱内可饲养10条以上。

●全长：4~5cm●栖息地：巴布亚新几内亚●饲养难度：容易

澳洲彩虹
Melanotaenia maccullochi

体色呈现一种病态美，再加上体型较小，越发给人一种柔弱的感觉。但实际上身体很结实。

●全长：6cm●栖息地：澳大利亚、新几内亚●饲养难度：容易

电光美人
Melanotaenia praecox

体色呈浓重的金属蓝色，小型彩虹鱼。大多进口2~3cm长、体色并不浓重的个体。经过一段时间的饲养，体色会变得更加的浓重，全身都会泛着金属蓝色的光泽。随着发育成熟，身高越来越高，虽然是小型鱼观赏性却很强，适合在大型水族箱内饲养。

●全长：5cm●栖息地：西巴布亚●饲养难度：容易

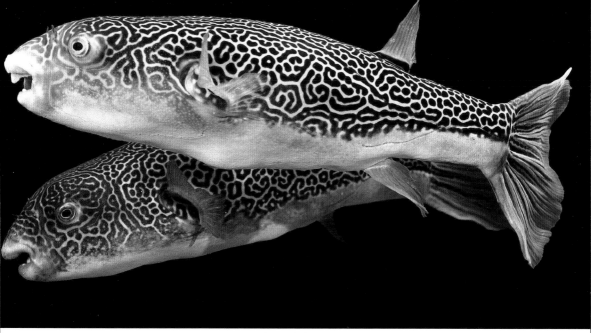

皇冠狗头
Tetraodon mbu

经过饲养全长可以超过50cm，属于大型淡水河豚。它是性格凶残的肉食性大型河豚，同种之间争斗相当激烈，一般来讲都单独饲养。如果同时购买数条5cm左右的幼鱼，也可以将其配对或者一同饲养。不吃鱼，主要以贝类或者甲壳类动物为食（牙齿锋利尖锐可以轻松地咬碎猎物的壳）。鱼饵不要喂食金鱼而是喂食冷冻蛤仔、河虾，可以延长此品种的寿命。

●全长：70cm●栖息地：刚果河●饲养难度：一般

圆点狗头
Tetraodon shoutedeni

黄色的身体上散落着黑色的斑点，给人感觉十分华丽的淡水河豚。食量很大，注意不要喂食过多。

●全长：20cm●栖息地：东南亚●饲养难度：一般

凹鼻鲀
Chelonodon patoca

在完全的海水至含2/3海水（汽水）的环境中生存的汽水鱼。海水浓度过低时寿命会缩短。

●全长：20cm栖息地：东南亚 饲养难度：一般

冠纹娃娃
Carinotetraodon lorteti

非常小型的纯淡水河豚。喜食小型的螺，可以用来清除水箱内的螺。

●全长：4cm●栖息地：印度●饲养难度：容易

绿河豚
Tetraodon nigroviridis

饲养时需要掺入一半海水。可爱，性格暴躁，经常会伤害其他鱼的鱼鳍。最好只饲养这一品种的鱼类。

●全长：6cm●栖息地：东南亚汽水区域●饲养难度：一般

红颜娃娃
Carinotetraodon lorteti

眼睛好像宝石一般闪烁，纯淡水小型河豚。饲养的时候不需要加入盐类。如图所示雄鱼的腹部是红色。

●全长：5cm●栖息地：东南亚●饲养难度：一般

斑马狗头
Tetraodon fahaka

易购买的淡水大型河豚。适合在60cm的水族箱内单独饲养。鱼饵喜欢冷冻虾。

●全长：30cm●栖息地：西非，尼罗河●饲养难度：一般

七彩塘鲤
Tateurundina ocellicauda

全身色彩艳丽的小型塘鲤科鱼，性格温和，适合与同样温和的鱼一同饲养。

●全长：6cm ●栖息地：新几内亚 ●饲养难度：一般

小蜜蜂
Brachygobius doriae

体态可爱很受欢迎。长期饲养时，在水族箱里加入1/3～1/4的海水效果会更好。

●全长：3cm ●栖息地：东南亚 ●饲养难度：较难

卡比伦短虾虎鱼
Brachygobius kabiliensis

印度尼西亚产的大黄蜂。比普通的大黄蜂要漂亮很多。

●全长：3cm ●栖息地：印度尼西亚 ●饲养难度：较难

枯叶鱼
Monocirrhus polyacanthus

拟态成枯叶的鱼，属于珍品中的珍品。鱼饵食用卵生鳉鱼、唐鱼的幼鱼或者是小鱼。捕食动作很快。

●全长：10cm ●栖息地：亚马孙河 ●饲养难度：一般

电鳗
Electrophorus electricus

电鳗作为世界上最强大放电生物（600～800V）而闻名于世。发电器官几乎占据了身体的4/5。容易饲养，只要喂食冷冻的西太公鱼就可以。眼睛几乎什么都看不见，只有光感。电鳗持续不断地放出电，探知周遭的情形。可以立刻感知到周围的外敌或者是猎物的存在，然后释放强电，捕获猎物，击退外敌。

●全长：180cm ●栖息地：亚马孙河 ●饲养难度：容易

彩色玻璃拉拉
Chanda baculis
一种人工注入色素后做出来的观赏鱼，时间长了以后颜色会渐渐退去。
●全长：7cm●栖息地：改良鱼种●饲养难度：容易

射水鱼
Toxotes jaculator
可以用嘴当作水枪的有名的鱼种。饲养时需要一半海水一半淡水。纯淡水环境下很难长寿。
●全长：15cm●栖息地：东南亚●饲养难度：一般

玻璃拉拉
Chanda baculis
身体大半是透明的小型鱼。经常有进口。喜欢弱碱性水质。
●全长：7cm●栖息地：泰国、缅甸●饲养难度：容易

长鳍玻璃鱼
Gymnohanda filamentosa
长长的背鳍和尾鳍像柔软的细线一样。完全生活在淡水环境的鱼种。经常有进口。
●全长：4cm●栖息地：印度尼西亚●饲养难度：一般

七星射水鱼
Toxotes chatareus
有7个暗暗的色斑，是另一种的射水鱼。只要把鱼饵放在水面上方就可以看到它打水枪的本领。
●全长：15cm●栖息地：东南亚●饲养难度：一般

大刺鳅
Mastacembelus armatus
身体像蛇一样在水中蜿蜒前进寻找鱼饵。性格温和，可以与大型鱼混养。
●全长：60cm●栖息地：泰国●饲养难度：一般

大海鲢
Megalops cyprinoides
全身都呈金属银色的汽水鱼。饲养本鱼需要加入少量的盐分。
●全长：50cm●栖息地：印度～西太平洋沿岸●饲养难度：容易

日本尖吻鲈
Lates japonica

生活在日本四国沿岸的汽水鱼，作为观赏鱼人气很高。外形与尼罗尖吻鲈很相似，但是眼睛是红色的。
●全长：60cm●栖息地：日本●饲养难度：容易

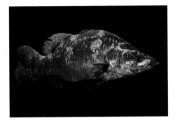

尼罗尖吻鲈
Lates niloticus

日本大型热带鱼爱好者非常喜爱的一种鱼。外形精悍的大型热带鱼。
●全长：80cm●栖息地：维多利亚湖、非洲东部热带地区●饲养难度：一般

利氏正鱵
Nomorhamphus liemi

经常从苏拉威西岛进口的人气品种。各个鳍都呈红色。
●全长：8cm●栖息地：苏拉威西岛●饲养难度：一般

金钱鱼
Scatophagus argus

很容易买到的汽水鱼。饲养时可以在水族箱内加入1/3的海水，会提高饲养效果。
●全长：30cm●栖息地：印度～太平洋沿岸●饲养难度：一般

无臂鳎
Achirus errans

完全生活在淡水流域的鲽鱼。不是汽水鱼，所以完全可以在淡水环境内饲养。对鱼饵不挑剔。
●全长：15cm●栖息地：亚马孙河●饲养难度：一般

东南亚淡水鲽鱼
学名不详

这种鱼体色并不总是如图中呈白色，会根据周围的环境变换自己的体色。
●全长：30cm●栖息地：东南亚●饲养难度：一般

银大眼鲳
Monodactylus argenteus

适合在半海水到海水环境中生活，即使在淡水环境饲养也可以维持较长的寿命。给人的印象很高雅。
●全长：15cm●栖息地：东南亚●饲养难度：一般

非洲月亮
Monodactylus sebae

个头高高的外形很有趣。可以在全淡水的环境下饲养。还可以和各种汽水鱼混养。
●全长：20cm●栖息地：西非●饲养难度：一般

枕枝鱼
Phractolaemus ansorgei

外观很具有原始感，相当珍贵。这种鱼单独成一科一属。身体呈管状，非常有趣。
●全长：15cm●栖息地：扎伊尔河，尼日尔河●饲养难度：一般

针嘴鱼
Potamorrhaphis Cancila

身体细细，喜欢捕食小鱼小虫。鱼饵可以使用卵生鳉鱼、丰年虾（干燥小鳞虾）。
●全长：20cm●栖息地：东南亚●饲养难度：一般

淡水鳗
Gymnothorax sp.

东南亚产的海鳝，俗称丝现鳗。虽然名字叫做淡水鳗，实际上需要在海水中长期饲养。
●全长：60cm●栖息地：东南亚●饲养难度：较难

包公
Vespicula depressifons

汽水鱼。并不总是能在热带鱼店买到，经常有进口。
●全长：4cm●栖息地：东南亚●饲养难度：一般

金粉霓虹
Elassoma evergladei

非常小型的日鲈鱼。易繁殖，只要成对饲养就会在你不察觉的时候繁殖出后代。

●全长：3cm●栖息地：北美●饲养难度：一般

火焰变色龙
Badis sp.

红点变色龙的近缘种。红色基调的体色与水草相映衬，非常美丽。很有人气。

●全长：3cm●栖息地：东南亚●饲养难度：一般

红点变色龙
Badis badis burmanicus

体色会根据环境而调整。因此被称为变色鱼。繁殖能力强。

●全长：5cm●栖息地：缅甸●饲养难度：一般

四眼鱼
Anableps anableps

它游动的时候总是保持将眼睛的一半露出水面。这样可以尽快地察觉到来自水上和水下的威胁。实际上他只有两只眼睛，但是在眼部有一个特殊的幕状器官，可以使它的一只眼睛可以同时观察水上和水下的情况。

●全长：20cm●栖息地：亚马孙河●饲养难度：难

长指马鲅
Polynemus paradiseus

胸鳍像铜丝一样延展出去。游动时胸鳍的姿态很有趣。

●全长：40cm●栖息地：泰国●饲养难度：一般

普弹涂鱼
Periophthalmus valgaris

身体足够湿润就跳出水面或者是爬出水面活动的汽水鱼。为了保持足够的湿度，建议使用玻璃水族箱。

●全长：10cm●栖息地：印度～太平洋沿岸●饲养难度：一般

半塘鳢
Hemieleotris latifasciatus

进口数量极少的品种。在身体体轴上有一条粗粗的黑线贯穿首尾，是一种十分漂亮的鱼种。

●全长：5cm●栖息地：东南亚●饲养难度：一般

第二章

热带鱼水族箱内的
其他生物

100种水草

　　我们种植在水族箱里造景的水草，以前只被当做是水族箱里的装饰品。很长时间以来，能够使水草一直保持婀娜姿态的人很少，这也是由于平时很难买到容易种植的水草。但是现在还有了外部过滤器、小型的二氧化碳添加设备、圆筒式过滤器等与水草养殖相关的设备，它们使一些没有种植技术的人，也能够创造出适合水草生长的环境，从而提高水草的生存率。

波叶太阳水草
Tonina sp.

非常漂亮的水草，但是流通量很少，不易养活。想要把它种好需要足够的二氧化碳，并加强照明。在水族箱底部加上一些肥料也很有效果。

大百叶
Eusteralis stellata

难以养活的有茎水草。水中的叶茎植物十分受欢迎，要想种植好需要提供足够的二氧化碳，较低的水温，新鲜的水，以及明亮的照明。

菁芳草
Dorimalia cordata

易种植。非常顽强的水草，适合入门者种植。如果加入过多的二氧化碳会使它抽节过长，降低观赏性。

小狮子草
Hygrophila polysperma

最受欢迎的水草之一。成长速度快，不需要添加二氧化碳。如果加入过多的二氧化碳，会使植物长得过高叶子过大。

红丝青叶
Hygrophila polysperma var.

在众多的小狮子草的改良品种中，最美的一种。顶部的叶子呈红色。如果红色变深则证明植物营养不足。

大红叶
Ludwigia perennis

很难种植的有茎水草。如果添加足够的二氧化碳，在弱酸性、软水到中硬水中，调亮照明度，营造出合适的生长环境，就会茁壮成长。

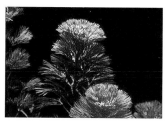

红菊花草
Cabomba piauhyensis

较难种植的水草。非常讨厌碱性硬质水，一定要避免在水族箱底或者过滤器中加入珊瑚沙。要想养好二氧化碳必不可少。

金菊花草
Cabomba australis

比较难养，但是比红菊花草好养一些。当然也不喜欢碱性水质。最好注意添加二氧化碳并在水族箱底加入肥料。

水盾草
Cabomba caroliniana

以金鱼藻而闻名，对水质要求较高，比较难养。不喜欢碱性的硬质水，绝对不能使用珊瑚沙。主要添加二氧化碳。

石龙尾
Limnophila sessiliflora

价格低廉的人气品种，感觉很容易种植，实际上比较困难。在饲养鱼的数量过多的水族箱内，氮气等营养成分很丰富，应该比较容易种植。

新草几内亚小宝塔
Limnophila sp.

比普通的石龙尾小一些。容易种植，但是进口数量少，很难入手。

粉绿狐尾藻
Myriophyllum aquaticum

水草呈明快的绿色，不加入二氧化碳生长就会停滞。需要有强照明，加入适当的二氧化碳。

小红莓
Ludwigia arcuata

叶子细长，像长针一样微微向上卷曲，略带红色。这是一种较难种植的水草，加入二氧化碳后比较容易种植。

绿羽毛草
Myriophylum hippuroides

一种难养的水草，要想种好必须添加二氧化碳。细细分开的树叶呈明快的绿色，给人一种非常柔和的感觉。

红羽毛草
Myriophyllum matogrossense

从商店里买到的都是由专业人士培养的状态良好的品种，看上去很好养，实际上有一定难度。二氧化碳必不可少。

血心兰
Alternanthera reineckii

一种比较好养的红色水草，十分有人气。如果想种植红色的品种，可以在水族箱内增加植物用荧光灯，使叶子的红色更鲜艳。

大叶血心兰
Alternanthera reineckii forma

血心兰的改良品种，叶子本身的红色更加艳丽。这是一种非常美丽的有茎植物，属于人气最高的品种。

石莲草
Alternanthera reineckii forma lilacina

一种宽叶水草，和大叶血心兰比较相像，叶子数量更多。叶子表面的颜色高雅，如果生长状态好，叶子背面的颜色也会很漂亮。种植稍有难度。

长蒴母草
Lindernia anagallis

从很久以前就已经很有名的水草，在水中很难形成水中叶的形态，需要添加二氧化碳。也可以在室外种植。

水蕴草
Ludwigia palustris × repens

很久以前就被人们当作水族箱用水草，十分熟悉的有茎水草。成长速度并不一定很快，比较结实，价格也便宜。适合入门者种植。

叶底红
Egelia densa

阿根廷的原产水草，现在已经在世界各地广泛流行开来。叶子大都斜着长，不够整齐划一。

矮珍珠
Glossostigma elatinoides

这种植物生长得密，就好像是一层绿色的绒毯一样可以遮挡住水族箱底的沙砾，不会影响水族箱的外观。要想让它枝叶繁茂，二氧化碳必不可少。

假马齿苋
Bacopa monnieri

水草结实，易种植。向着水面不停地生长，生长速度比较缓慢，不需要特别的处理。茎坚实笔直。

大艾克草
Eichhornia azurea

叶子像胶带一样宽大，是一种非常漂亮的水草。但是有一个缺点，就是容易出现水上浮叶。加上荧光灯的强光照射，即使在室内也会绽放出紫色的小花。

水族箱内绽放的大艾克草的小花，花期只有一天。通过自身授粉也可以结出果实，种子落到水族箱底部会马上发芽，大艾克草就这样在水族箱内繁殖开来。这时要把喜欢挖开水底的沙子找鱼饵的鼠鱼捞出水族箱，放在别处。

艾克草
Eichhornia diversifolia

与小竹叶相似，都是有茎水草。但是本品种的叶子更加茂盛。种植并不困难，只要在水族箱底加入肥料，并添加一些二氧化碳就会很有效。

牛顿草
Didiplis indica

难以种植的水草，需要维持在弱酸性、软水到偏硬水的水质，然后注意添加二氧化碳，就能把它种好。在水族箱底加上一点肥料会更有效。

小竹叶
Heranthera zosterifolia

价格低廉，植物结实而且美观。非常细的根部慢慢地缠在水族箱底，如果水族箱底的氧分丰富，就会长得更加茂盛。在水族箱底添加一些肥料会更有效。

雪花草
Hottonia inflata

难以种植的水草。要想种好需要添加二氧化碳，把水温保持在20~25℃左右的低温状态。喜欢强光和新鲜的水环境。

水过长沙
Bacopa caroliniana

叶子较大，呈蛋圆形，非常漂亮的有茎水草。容易种植，无需特意添加二氧化碳。

大宝塔
Lymnophila aquatica

看上去非常漂亮的水草。种植稍难，需要添加二氧化碳，可以在水族箱底部添加肥料，喜弱酸性水质或软水到偏硬质水。

青蝴蝶
Rotala sp.

明亮的浅绿色色调，有茎植物。喜照明较强的环境，需要添加二氧化碳。如果二氧化碳不足就会枯死。

红蝴蝶
Rotala macranda

有代表性的红色水草，很难种植。但是水中的叶子很好看，具有挑战的价值。想要种好则需要添加二氧化碳，并在水族箱底部添加肥料。

细叶铁皇冠
Microsorium sp.

叶子细长，铁皇冠的一种。本品种的学名还不明确，因其有很多种品种的特点，被认为是铁皇冠的变种或者是近种。

铁皇冠
Microsorium pteropus

水产蕨类。种在水族箱底部也会发育很好。另外，由于它的根部很细，也有很强的附着力，也可以直接种在浮木或者岩石上，用黑丝线固定一下就可以了。

鹿角铁皇冠
Microsorium pteropus var.

欧洲水草种植公司培育的铁皇冠的改良品种。特点是在叶子的尖端有很多细碎的扇形分叉，给人感觉非常独特。

黑木蕨
Bolbitis heudelotii

有透明感的深绿色的叶子，水产蕨类。适合在浮木和岩石上附着生存，有很高的造景价值。需要添加二氧化碳。

锯齿蕨
Microsorium pteropus var.

由在自然环境中发现的铁皇冠变种而来的新改良品种。叶子上有很深的裂纹，十分醒目。

鹿角蕨
Ceratopteris cornuta

热带鱼世界中最流行的水生植物。易繁殖。从母株的叶子上连绵不断地繁衍出子株。水中的叶子非常优美。也可以截取一段叶子进行繁殖，让它飘浮在水面上效果也很好。

水蕨
Ceratapteris thalictroides

叶子的形状较为复杂，喜欢顺着水流的方向生长。易生长，繁殖过盛则观赏效果会适得其反。和孔雀鱼非常相似。

大理石皇冠
Echinodorus cordifolius
"Marble Queen"

整个叶片都有黄色大理石斑纹，是皇冠类的改良品种。只有这种美才能与皇后这个称谓所匹配。

香瓜草
Echinodorus osiris

皇冠类中最优美的水草之一。价格优美易购买。喜欢强照明，60cm的水族箱内适合40~60w左右的照明灯。

红九冠
Echinodorus "Rubin"

欧洲的改良品种。叶面呈红色，改良品种中叶子最细长的品种。

迷你皇冠
Echinodorus quadricostatus

与前面介绍的针叶皇冠一样，一旦母株在水族箱内扎根就会不断地繁衍出子株。不会长得很高，适合前景造景。

亚马孙皇冠
Echinodorus amazonicus

商店中出售的水草里，最受欢迎的一种。养好的秘诀就是绝对不要移动它的根部。

针叶皇冠
Echinodorus tenellus

最高长到5~10cm，适合前景造景。种10~20株它就可以自动繁殖。

乌拉圭皇冠（绿）
Echinodorus horemanii "Green"

红乌拉圭皇冠的绿色种。这一植物有红色和绿色两种。

乌拉圭皇冠（红）
Echinodorus horemanii "Red"

属于红色品种。叶片中红色非常浓重，是较大型叶片植物。

女王草
Echinodorus cordifolius

为人熟知的水草。叶片较大，若环境好会发展成巨型叶片。高度大多不会超过60cm。

阿根廷皇冠草
Echinodorus argentinensis

大型水中植物，水族箱内的主角，适合围绕着它进行水族箱造景。叶子为细长的卵形叶片，给人一种女性的柔美感觉。和其他的皇冠类水草一样，一旦种植后就不要移动，会长成比较大型的植物。

宽叶皇冠
Echinodorus bleheri

叶面较宽，叶长30~50cm，叶面比亚马孙皇冠还大。最好在75cm的水族箱内饲养。

花豹象耳
Echinodorus schlueteri "Reopard"

欧洲产的改良品种。叶子的背面上长有黑色的斑点。这种水草不会长得很大。适合用于制造水草的中景和前景。

小熊象耳
Echinodors Small Bear"

皇冠类的改良品种之一，皇冠类的叶子呈红色，十分醒目。进口数量较少。

大剑草
Echinodorus martii

很久以前就已经被人熟知的品种。叶子笔直，两侧有波浪式的纹路，很漂亮。

豹纹皇冠草
Echinodorus "OZELOT"

皇冠类的改良品种，水中的叶子上有着鲜明的纹路，非常漂亮。易种植。

熊猫皇冠草
Echinodorus sp."Green Panda"

属于改良品种。叶片上的花纹很像熊猫因而得名。种植在水中，叶面上的花纹会变淡。

大卷浪草
Aponogeton ulvaceus

叶子呈大大的波浪形，非常漂亮。有很多美丽的变种，但都不如原种漂亮。会长得很高。

游曳在水草造景水族箱内的画眉的幼鱼。

皱边椒草
Cryptocoryne crispatula var. balansae

易购买的椒草品种。可以长到30cm以上，适合在水深45cm以上的水族箱内种植。尽量避免不要种植太大株的植物。

细叶椒草
Cryptocoryne tonkinensis

叶子细长。进口数量不多，但是一直很有人气，并不是难于购买的品种。

汽泡椒草
Cryptocoryne usteriana

看上去很像狼草的植物。叶面凹凸有致，十分美丽，很有人气。也有人把它称为椒草亚澎椒草。

黄椒草
Cryptocoryne affinis

幼株叶子表面有着特殊的凹凸，是识别本品种的一个重要标志。长大以后凹凸会逐渐变平。

威尼斯椒草
Cryptocoryne willisii

适合作为水草造景水族箱前景的小型椒草。并不是繁殖能力很强的品种，要想把前景做得很茂盛需要一段时间。

温蒂椒草
Cryptocoryne wendtii

由欧洲水草种植场进口的品种。需要把包在根部的棉花取下后，种植在水族箱底部。

桃叶椒草
Cryptocoryne pontederifolia

较长的心型叶片。多数比较难养。叶子多为圆形，有很多结实易种植的品种。

舌椒草
Cryptocoryne lingua

富有肉感的圆形小型叶片。易枯萎，注意保证水族箱内的水质稳定。

迷你小水榕
Anubias nana

小水榕的代表品种。由于植物结实、易种植而保持着相当高的人气。生长速度迟缓、叶面朴素，但是可以适应多种水质，即使是入门者也可以安心种植。本种的特点是虽然根部坚硬但是很容易生根，不仅可以种植在水族箱底部还可以种植在浮木或者岩石上。不用特意为它选择种植地点，可以根据自己的喜好种在水族箱内的任意位置。要想养活它最好在生根之前用棉线固定。

大水榕
Anubias barteri var. barteri

和迷你小水榕一同种植容易成活。水中的叶子植物，和浮游叶没有区别，叶子面积又大又圆，呈水平方向生长，适合在大型水族箱内饲养。

宽叶网草
Aponogeton madagascariensis

最受欢迎的宽叶网草。叶面的叶茎部分之外呈镂空状，看上去很漂亮。叶子的形状基本相同，叶孔越大越粗效果越好。

大皱叶草
Aponogeton boivinianus

叶子细长，表面凹凸不平。块茎的状态好坏对生长的影响很大，购买时一定要选择大又坚硬的茎部。

线叶矮慈姑
Sagittaria sbulata var. pusilla

价值很高的水族箱前景造景用水草。呈直线繁殖，子株逐渐增加。但是，如果养分过多，水草会繁殖过高。

苦草
Vallisneria spiralis

叶子呈胶带状，适合在水箱左右两侧或后侧造景。如果种植条件好，成长速度会很快，需要经常照料。

美洲苦草
Vallisneria americana

叶片呈胶带状，形态稍微有些扭曲，给人的感觉很特殊。价格低廉，易种植。呈直线繁殖。易繁殖，注意加以照料，不要繁殖过剩。

在水草造景水族箱内群游的红头剪刀。

水藓
Fantinalis antipyretica

生长在浮木和岩石上，最好营造出复杂的茂密感，给各种小鱼做为隐蔽的场所，是使用价值很高的水草。

南美洲水藓
Vesicularia sp.

在造景的时候，三角形的叶片十分醒目，比水藓的原种更加有趣。生根的能力不强，需要时间。

泰国水剑
Cyperus helferi

细长的叶子呈玫瑰叶的形状。叶片像水稻一样较坚硬，乍看上去不像是能在水中种植的品种，添加二氧化碳后比较容易种植。

草皮
Lilaeopsis novae-zelandiae

适合选做前景造景的水草，不易种植。生长条件恶劣时，长出新的叶子的同时，旧的叶子也随之枯萎，不是很好看。

簧藻
Blyxa novoguineensis

乍一看很像玫瑰叶水草，茎和叶互生的有茎水草。自然状态下适合在较浅的水环境中生长，所以喜欢较强的照明。需要添加二氧化碳。

水车前
Ottelia alismoides
玫瑰叶形状的大型水草。生长在田间水渠旁。春天种植，秋天结果枯萎。在水族箱内可以维持一年以上。

鹿角苔
Riccia fluitans
鹿角苔一般都是垂直于水面下生存，呈浮游状态。通过人工手段可以使其在水中扎根生存，是一种很美的品种。

水湖莲
Eichhornia crassipes
艾克草的近缘品种，二者水上的叶子非常相似，属于大型浮草，适合在窗边放置的水族箱内种植。

泰国葱头
Crinum thaianum
大型水生睡莲之一。根部会在水族箱底部蜿蜒生长，将底砂做厚并添加肥料后种植。若营养和光照充足，在室内也可以开花。

金线菖蒲
Acorus gramineus var. pusillus
园艺用品种，可用于水族箱前景造景。种植时需要补充二氧化碳，可以促进繁殖。

香菇草（铜钱草）
Hydrocotyle vulgaris
喜欢强光和低水温。很难用于水族箱造景，可以在屋外有土栽培，大多数可以过冬。

塞隆绿睡莲
Nymphaea sp.
带着一种纤细的美感。进口数量少。对水质变化敏感，喜弱酸性和软水到偏硬水水质。需要添加二氧化碳。

囊泡貉藻
Aldrovanda vesiculosa
适合在水中浮游生存，通过小小的袋状器官捕食过往的水蚤，是食鱼性水草。图中就是它在捕食幼贝的情景。

红海带
Barclaya longifolia
海带的红色品种，比普通品种进口数量很少。精心种植，就会长出很多漂亮的叶子。

塞隆红睡莲
Nymphaea sp.
人们认为它与塞隆绿睡莲是完全不同的品种。红色的叶片一点也不比绿叶片逊色。

赤焰睡莲
Nymphaea sp.
叶片上有红色的花纹，因此叫做红色的火焰。进口数量不多，但是体态优美人气很高。

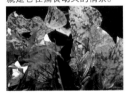

台湾刺种荇菜
Nymphoides hydrophylla
台湾产刺种荇菜，圆形的叶子很有美感。价格便宜但是很优美，很意外地人气很高。

宽叶水韭
Isoetes japonica
外形有些像韭菜的日本产水草，由于自然环境的破坏，天然宽叶水韭越来越少。

萍蓬草
Nymphaea japonicum
日本产萍蓬草的代表品种。水温过高根部会腐烂。根埋得浅一些则易成活。

红荷根
Nymphaea japonicum var. rubotinctum
萍蓬草的改良品种，草体全部呈红色。热带鱼商店里不怎么常见的品种，偶尔可以看见。

西洋萍蓬草
Nymphaea lateum
大型的水中叶子。欧洲产萍蓬草。易种植。不是90cm以上的大型水族箱很难种植。

花朵很美丽的印度红睡莲。加入水族箱底部肥料，增强照明，印度红睡莲也能在室内开花。

非洲睡莲
Nymphaea sp.

非洲产睡莲。进口数量不稳定，几乎很少有进口。叶子的形状和其他的睡莲相比更加细长。

青虎睡莲
Nymphaea lotus var. viridis

进口数量比红色品种少。叶子和茎以及根部并不是直接与块茎连接在一起，而是从块茎延伸出比较短的连接茎上发芽。

圣塔伦睡莲
Nymphaea sp.

南美洲圣塔伦周围生长的睡莲，水中叶子比较小，繁殖能力强，会一直沿着地面繁殖生长。

印度红睡莲
Nymphaea rubra

受欢迎的睡莲品种之一。价格低廉，易种植，在强照明的环境下易生出浮叶。如有浮叶生出要截下浮叶或破坏根部，以阻止其生长。

水浮莲
Pisitia stratiotes

它的外形会让人联想到生菜或者卷心菜。在荧光灯的照射下可以培养出小型品种。在有盖子的水族箱内种植则容易被闷死。

苹果萍
Limnobium laevigatum

叶子大小如同人民币5角硬币，可以在水族箱内种植。草体较大，比较占据空间。叶子的表面容易繁殖蚜虫，需要注意。

香香草
Hydrocotyle leucocephala

呈扁平的人民1元硬币大小，叶子交互向着水面的方向生长，当长出水面就会像浮萍一样在水面横向生长。

香蕉草
Nymphoides aquatica

它有一个被称为"殖芽"的器官，外形很像香蕉。叶子很快就会长出水面。为人们所欣赏的是它像香蕉一样的外形。

游曳中的红蜜蜂虾。躯体下端长有很多鳍，便于灵活游动。

红蜜蜂虾

　　全身呈红白二色，无论是饲养还是繁殖都很受欢迎。这种淡水的小型虾（全长2.5cm），在水族箱内繁殖非常简单。只要假以时日便可培育出高品质的品种，这也是它们深受热带鱼爱好者欢迎的原因。30cm的小型水族箱内也可以饲养，是人人都可以饲养的小型虾。

蜜蜂虾（原种）

红蜜蜂虾的原种，淡水虾。全长2.5cm。从这种小虾衍生出色泽鲜艳的红色小虾，也正是这样的原种才能制造出红色的改良品种。

争相抢食无农药菠菜的小虾。几个小时就吃光了。

黑白蜜蜂虾

与红蜜蜂虾相比，体色呈黑白色。黑白蜜蜂虾是对研发出高品质红白蜜蜂虾非常重要。

白色蜜蜂虾

眼睛后部有粗粗的红线，全身雪白。现在依然是品质最好的红蜜蜂虾，很少有全身呈白色的品种出现。

红蜜蜂虾

红蜜蜂虾会经常蜕壳，脱下的壳会立刻被其他红蜜蜂虾吃掉，有时候它们也会吃自己脱下的外壳。虾壳的营养价值很高。

太阳旗蜜蜂虾

第二道和第三道白斑之间有一个大大的圆形的红斑，从上方看很像交通标志里的禁止通行标志。

虎纹蜜蜂虾

身体中央的红色斑点下端有两道白道。因为这部分的花纹让人联想到老虎的虎纹而得名。

四间蜜蜂虾

眼部有1条白道，身体上有3条白道。级别要比太阳旗蜜蜂虾和虎纹蜜蜂虾低。除此以外还有三间蜜蜂虾。

其他小生物

　　饲养热带鱼时，经常会有一些小生物夹杂在水族箱中。随着时间的推移，繁殖能力强的品种，会迅速繁殖数量逐渐增多。最有代表性的就是小的淡水螺，或是涡虫。在这里我们就以螺为中心，简单地介绍一下其他的生物。另外也会介绍一些很难买到的螺，或者具有清除苔藓功能的海螺或小虾。

印度扁卷螺的改良品种，呈现出深红色。既能处理鱼食残留饵料，又兼具观赏价值，深受饲养爱好者喜爱。

大和藻虾
Caridina japonica

以侵食水族箱内的苔藓而闻名的小虾，但是偶尔也会侵食水草。
●全长：4cm●栖息地：日本

淡水贝
学名不详

外壳坚固细长，小型淡水贝类，和水草一同混入水族箱内繁殖。
●全长：10cm●栖息地：世界各地

印度扁卷螺
Indoplanorbis exustus

细小的卵夹杂在水草中进入水族箱的小型淡水贝。最好是看见它就清除掉。
●全长：1.5cm●栖息地：印度等地

耳萝卜螺
Radix japonica

带有圆形的壳的小型淡水贝，与水草一同进入水族箱内。繁殖迅速。
●全长：2cm●栖息地：世界各地

神秘螺
Pomacea canaliculata var.

侵食苔藓能力很强的淡水贝。但是大半都会侵食水草，不适合在水草造景水族箱内饲养。

●全长：5cm●栖息地：阿根廷等地

水蚯蚓
学名不详

虽然对小鱼没有伤害，但是浮游在水族箱内十分难看，多产生在水质恶化的水族箱内。

●全长：5cm●栖息地：世界各地

闪电螺
Neritina paralella

生活在汽水到淡水水域的贝壳，外壳很漂亮。虽然并不像石卷贝那样常见，但是经常有进口。喜食苔藓但还是比石卷贝逊色。

●全长：2cm●栖息地：日本奄美诸岛

石卷贝
Clithon retropictus

因喜欢吃食玻璃壁上的苔藓而闻名。吃食苔藓的能力虽然很强，但是要想收到效果需饲养多条才可以。

●全长：2.5cm●栖息地：日本、中国台湾

日本三角涡虫
Dugesia japonica

有很多人因为它长得像蚂蟥而讨厌它，经常出现在蜜蜂虾的水族箱内。

●全长：1cm●栖息地：世界各地

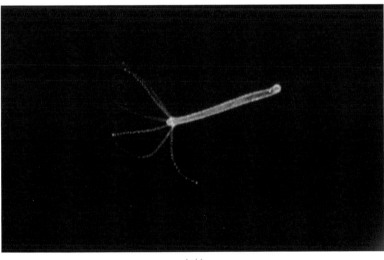

水螅
Hydra sp.

热带鱼水族箱内经常出现的小生物。会用自己的刺胞刺入一些幼鱼的体内使其麻痹后捕食。如果水族箱内的幼鱼不是太小，就不会有什么伤害。如果数量过多就会变得很碍眼。水螅对高温环境比较敏感，如果水温超过31～32℃就会死掉。要想在25℃的水温下将其全部杀掉，放入一些硫酸铜更有效，但是其他的小虾之类的无脊椎动物也会死掉。所以，暂时还没有驱除它们的好方法。

●全长：0.5～1.5cm●栖息地：世界各地

蚰蜒（草鞋虫）
Asellus hilgendorfii

与日本三角涡虫一样都是在有小虾的水族箱内比较常见。没有可以一次驱除的方法，必须要有耐心。

●全长：1.5cm●栖息地：亚洲各地

浮萍
Spirodela polyrhiza

米粒大小。附着在其他水草上侵入到水族箱。在给水族箱添置水槽的时候需要注意。

●叶长：5mm●生长地：世界各地

第三章

热带鱼的养殖

绿霓虹灯和红衣梦幻旗混养。

热带鱼的混养

混养水族箱的问题

    一个水族箱内同时养着数条热带鱼，是非常常见的热带鱼饲养方法。但是，当同时饲养不同种类的热带鱼时，就会发生各种各样的问题。

    最常见的问题是，某一种鱼被另外一种鱼欺负得厉害，易受伤。最恶劣的是一条鱼不停地追着另外一条鱼到处乱跑，最后把对方吃掉。

    第二常见的问题经常出现在神仙鱼和霓虹灯的混养水族箱内。这两种鱼混养半年以上，就会发现霓虹灯逐渐减少，不知所踪，而真正的凶手就是神仙鱼。

    热带鱼商店卖的都是5~7cm的小鱼，嘴还不是很大，无法吃掉霓虹灯，而等它长到可以吞

极其危险的混养实例之一。神仙鱼游泳时长长的鱼鳍经常摆动，会使唐鱼非常暴躁，红钻石要是饿了，就会吃掉孔雀鱼充饥。马拉维湖产的蓝色慈鲷鱼，喜欢弱碱性水质，而其他的鱼都喜欢弱酸性的软水到中硬质水，显然有差距，难以在一起混养成功。

饲养了各种色彩鲜艳的马拉维湖慈鲷鱼的大型混养水族箱。120～150cm的大型水族箱可以饲养这些数量的热带鱼，最好避免大小差异过大的鱼在一起混养。

噬霓虹灯的时候，就会毫不客气地吃掉对方。神仙鱼是不挑食的杂食鱼，很容易把能吃到嘴里的鱼当成食物。

以上就是幼鱼可以混养而成鱼却不能混养的原因。这是比较常见的问题，在饲养的时候应当注意。

另一个比较常见的问题，是混养慈鲷鱼水族箱的繁殖问题。比如养了5条神仙鱼，忽然有一天其中两条疯狂地追逐着其他三条（被追逐的一方经常容易受伤）。这是由于这两条鱼处于发情期而导致的问题。这对发情的鱼为了繁殖，需要扩大自己的领土，而做出了这种攻击性行为。这时就需要把这对神仙鱼放到其他的水族箱内，与其他三条隔离开（如果水族箱够大，可以在中间架一个隔离板）。

相同花纹的孔雀鱼在群游。不一定非得花纹相同，把其他品种的花纹颜色相似的鱼放在一起混养，视觉效果会更好。

大型鱼混养的大型水族箱。能够拥有这样一个大型的混养水族箱，是所有热带鱼爱好者的梦想。

红龙与为主的大型混养水族箱。鱼的饲养密度高，可以降低某条鱼被欺负的概率。

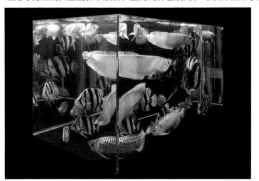

各种大型鱼混养的大型水族箱（2m×1m×1m，亚克力制）。热带鱼混养时，即使水族箱很大，有时候也会有失败的情况。这个水族箱里饲养的鱼种由彼此之间协调性比较好的银龙鱼、鹦鹉鱼构成。

相当珍贵的亚洲龙鱼（红龙1条）和七彩神仙鱼混养的实例。乍一看可能会有一些意外，由于这种红龙只吃蟋蟀而不袭击其他小鱼，因此可以在一起混养。

混养鱼的搭配方法

在一个水族箱内同时饲养数条热带鱼时，需要注意以下几点：

①注意保持鱼的大小相近（不要大鱼和小鱼混养，或者神仙鱼和霓虹灯混养，这时就会有大鱼把小鱼吃掉的危险）。

②不要把喜欢不同水质的鱼混养（如马拉维湖产的蓝色慈鲷鱼和南美洲产慈鲷鱼）。

③尽量选择性格温和的鱼一起混养（如南美洲小型灯鱼和鼠鱼）。

④喜欢吃其他鱼的鱼鳍的鱼要单独饲养（如数条绿河豚要单独饲养）。

⑤同种之间喜欢争斗的鱼要单独饲养（如暹罗斗鱼等，特别是雄鱼之间容易争斗的。但是对于其他鱼种没有伤害）。

各种鼠鱼混养的水族箱。鼠鱼不会攻击其他的同类，或是其他鱼种，可以放心饲养。但是如果长大了最好不要让各种鼠鱼生活在一个水族箱内。

绿色河豚虽然可爱，但是会吃其他鱼的鱼鳍，要避免混养。

鼠鱼会噬食七彩神仙鱼的身体。

各种南美洲产小型加拉辛鱼和鼠鱼的组合。可以放心混养的组合之一。

各种南美洲产小型慈鲷鱼（短鲷）和鼠鱼可以安心混养。性格温和的中型加拉辛（如飞凤鱼、黑尾企鹅等小型鱼）也可以一起混养。

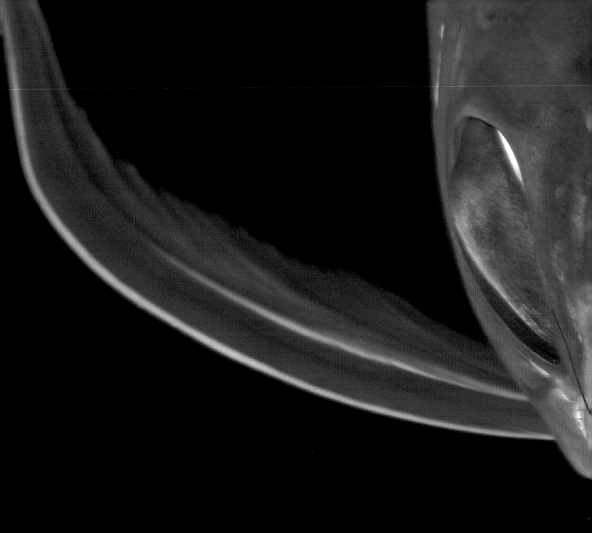

热带鱼鱼饵

　　鱼饵是支撑热带鱼生命的食物，对于热带鱼的饲养来说是非常重要的一部分。这是因为在水族箱里饲养的热带鱼没有自己捕食的能力。热带鱼饲养者喂给热带鱼的鱼饵，就像它字面所表达的意思一样，是它们的生命线，要尽可能地注意营养的丰富，持续地提供热带鱼所必需的鱼饵。

图中为正在张开大嘴捕食浮在水面上的鱼饵——蟋蟀的红龙鱼（即红龙，亚洲龙鱼的一种）。

正在捕食冷冻公鱼的雀鳝。饲养大型鱼就意味着鱼饵的费用会很高，所以要尽量到各地寻找廉价的鱼饵。

冷冻无农药菠菜
无农药栽培的菠菜，是红蜜蜂虾最喜欢的食物。把买回来的新鲜菠菜分成一小块一小块地冻好，分批喂养，更方便。

大麦虫
主要用于龙鱼的活饵，很受欢迎。大麦虫不像蟋蟀那样吵，同时还没有什么异味，是一种比较好保存的鱼饵。

线虫
大多数的热带鱼都喜欢吃的活饵（尤其是鼠鱼最喜欢吃）。但是难以保存。夏季冷藏，每天换2~3次水比较好。

蟋蟀
日本大规模饲养的热带蟋蟀，是喜欢捕食小虫子的龙鱼的好食物。它的叫声很吵人，最好冷冻保存。

欧洲蟋蟀
比双斑蟋小一圈，体色更浅，但是生命力极其旺盛。平时叫声不是很大，是很受欢迎的鱼饵。

赤虫
热带鱼的代表鱼饵之一。是不吸食人血的跟头虫，有活赤虫也有冷冻赤虫。冷冻赤虫随处可见。

青蛙
作为龙鱼的鱼饵而出售。在龙鱼不爱进食的时候可以喂一些青蛙，不能当做正餐，只是小点心。

心脏（牛心）
牛心的脂肪含量比较少，对于大型热带鱼来说是营养比较丰富的鱼饵。把冷冻牛心切成便于热带鱼食用的大小喂养。

布氏新对虾
大型热带鱼喜欢的活饵。在出售龙鱼的专卖店里经常有售。很受淡水虹或者食鱼性的大型慈鲷鱼的喜爱。

小金鱼
小金鱼是指普通金鱼的3～4cm的幼鱼。主要作为肉食性大型热带鱼的鱼饵。

被称作是"金鱼泡饭"的水族箱。在60cm（60cm×30cm×36cm）的水族箱内饲养的虎纹恐龙王的幼鱼，在这样的环境内幼鱼可以随时吃到金鱼，是提升生长速度的一种好方法。

饲养在"金鱼泡饭"里的虎纹恐龙王的成鱼。由于把鱼饵和热带鱼一同饲养，大大简化了喂食的程序。但是这种喂养方法容易恶化水质，所以最好选择过滤性能强的水族箱。

美国小龙虾
可以提升红色亚洲龙鱼（红龙）的体色的活饵。龙鱼可以消化掉它的坚硬甲壳。喂食之前要先去掉两个钳子。

卵生鳉鱼
主要是大型热带鱼以及幼鱼的鱼饵。最常见的是卵生鳉鱼，偶尔也会有黑色卵生鳉鱼。

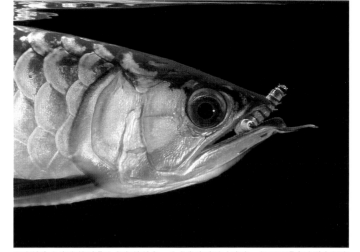

正在捕食大麦虫的过背金龙鱼的幼鱼。金龙鱼喜欢吃大麦虫，如果只喂食这种鱼饵容易使其脂肪变厚，需要注意。

正在吃食无农药菠菜的红蜜蜂虾。一小块一小块的菠菜是红蜜蜂虾最喜欢的食物，放入水族箱几个小时后就只剩下叶脉了。

红边铁甲在水中一口咬住投入到水族箱的片状鱼饵。习惯了水族箱的环境后，它就能够积极地捕食鱼饵了。

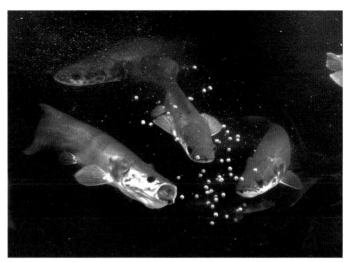

争相抢食扔到水族箱内的干燥鱼饵的海象幼鱼。肉食倾向较强的大型鱼，也有的（主要看鱼的性格能否习惯）可以习惯食用干燥鱼饵。但是它们适应干燥鱼饵的时间长短，根据鱼的种类、性格、饲养状态（单独饲养或混养，混养的适应性更强）等情况，差别非常大。无论怎样，最好是努力坚持喂养。

正在低头猛吃自己最心爱的鱼饵——活水蚤的红礼服孔雀鱼鱼群。

丰年虾

头部呈鲜艳的橙色的红顶神仙，头部颜色会逐渐变成红色。

丰年虾是干燥鱼饵中的代表品种，是一种在北海道采集的甲壳类动物。它由鳞虾（在大自然中是鲸鱼类动物的主要食物）干燥而成，是和虾类比较接近的品种，如果经常喂食鳞虾可以提升鱼的红色体色。例如，头部呈鲜艳的橙色的红顶神仙，头部会逐渐变成红色。另外，喂食一些红肚水虎鱼的效果会更好。

干燥鱼饵的种类包括片状鱼饵、片剂、植物性鱼饵等，品种多样十分丰富。

主要喂食给鼠鱼的片剂干燥鱼饵。片剂鱼饵很坚硬，即使扔到水族箱内也不会立刻散成一块一块的，不会弄脏水质。鼠鱼属于夜行动物，只要在晚上把片剂饵投入水族箱内，就可以在不打扰其他鱼的情况下喂食鼠鱼。

如何巧用干燥鱼饵

有很多大型热带鱼根本不吃干燥鱼饵。虽然坚持喂下去，它们迟早会吃的，但这是一个非常费时间的工程。

喂食干燥鱼饵最大的好处就是鱼饵易保管，还可以轻松地保持鱼饵的营养均衡。在这里介绍一种可以让大型鱼间接吃食干燥鱼饵的方法。在把小金鱼喂食给大型鱼前的30分钟，用干燥饵把小金鱼喂得饱饱的，这样吃了小金鱼的大型鱼实际上也等于吃了干燥鱼饵。

群游的中美洲产慈鲷鱼的幼鱼（全长30cm）。长成成鱼后全长会达到20～60cm，十分可爱。

热带鱼的饲养

　　在热带鱼商店看到自己心动的鱼，在购买的一瞬间，就已经开始了热带鱼的饲养工作。饲养热带鱼的最大乐趣，就是把幼鱼养成成鱼的全过程。为了把热带鱼的魅力全部焕发出来，就需要针对各个鱼种选择适合它们的饲养方法。从这一页就开始为您介绍饲养热带鱼的基本注意点以及饲养要点。

根据鱼的大小选择水族箱

　　在热带鱼商店出售的热带鱼，大多是幼鱼或者小鱼。尤其是大型热带鱼，大多从海外进口幼鱼。这样不仅在比较小的水族箱内饲养不占太大面积，同时还可以让购买者享受把幼鱼抚养成成鱼的乐趣。但是在选购大型鱼之前，最好事先确认好这种鱼最后会长到多大，或者最少需要在多大的水族箱内饲养。

　　有很多爱好者都是在一时冲动的情况下买了大型热带鱼，最后发现鱼长得比他们想象中要大很多，甚至有的养不了了。希望各位在选购的时候要想到热带鱼也是有生命的，一旦买了就一定要负责到底！

不要喂食太多鱼饵

给自己饲养的热带鱼喂食鱼饵是一件很有趣的事。尤其是刚刚开始饲养热带鱼的时候，看见自己的鱼拼命地抢食鱼饵的样子，会觉得很有满足感。在这种满足感的驱使下就会不断地给它们鱼饵，一不小心就喂多了。喂食过多的鱼饵是很多鱼病（白点病）的主要发病原因。鱼最好喂到八九分饱最好。鱼吃太多的鱼饵也是导致寿命缩短的一个因素。

适合的水质

健康饲养热带鱼的一个条件就是水质。尤其是pH值非常重要，对于鱼的健康影响很大。养成经常检查水族箱内的pH值，把水质调到所饲养的热带鱼喜欢的pH值的习惯就可以了。如果pH值有问题，就需要换水（第一解决方法），或者加入水质调节剂调节水质。

2条游曳在很深的水族箱内的斑马鸭嘴神仙鱼。像它们这样纵向鱼鳍很长的鱼适合在较深的水族箱内饲养，这样才能充分发挥它们的魅力。另外水族箱内的水比较深，它们也可以充分地展开自己长长的鱼鳍，有利于鱼鳍的成长。较深的水族箱的价格要高于普通水族箱，即使宽度相同但是由于深度不同，从正面看过去也显得比普通水族箱要大。在相同的空间占有面积下，选择较深的水族箱，可以享受饲养另一品种的热带鱼的乐趣。另外，60cm的深水族箱的规格是60cmx30cmx45cm，90cm的深水水族箱的规格是90cmx45cmx60cm（根据厂家稍有不同）。

pH调节剂。分为两种，把水质调向酸性的（pH值为负）和把水质调向碱性的（pH值为正），是非常便利的pH值调节工具。但是如果水质变化过于激烈，对鱼的健康也是有损害的。因此希望能够分数次使用，或者每隔数天定期调整pH值时使用。另外在投入调节剂的时候要注意用pH值测量仪和配合值试剂来不断检测水中的配合pH值。

在美丽的水草水族箱内游动的绿霓虹灯鱼群和神仙鱼，构成了一幅非常有魅力的画面。等到神仙鱼再长得大一些的时候，嘴也变大了，那个时候就会吞食绿霓虹灯（详见P152～153）。

混养了各种大型鼠鱼的水族箱，是溢出式玻璃水族箱。

饲养在一个"裸箱"水族箱内的斑节鳉（卵生鳉鱼）。

溢出式玻璃水族箱

　　在日本出售的大型水族箱以亚克力水族箱居多。它的价格低廉，但是有一些大型鱼不适合在亚克力水族箱内饲养如大型的鼠鱼。这种鱼的牙齿非常锋利，可以轻松地把浮木上的树皮啃噬下来，在亚克力水族箱内饲养不了几年，四壁就会被它们咬得很花，变成磨砂玻璃的样子。虽然不影响饲养，但是却看不清楚水族箱里面的样子，影响观赏性。如果使用玻璃水族箱，由于表面光滑，鼠鱼的牙齿无法啃噬，可以一直保持清晰的状态。

　　另外，在饲养鼠鱼的水族箱内，大功率的过滤器必不可少。大型鼠鱼除了在捕食猎物以外，还会啃噬浮木的树皮，在粪便内夹杂着很多木屑，这个时候如果没有大功率的过滤系统就会影响到鼠鱼的健康。溢出式的水族箱并不常见，专供鼠鱼的公司应该有售，有60cm、90cm、120cm、180cm几种规格的水族箱。也可以到自己经常去的热带鱼商店购买，虽然没有摆放，但是应该可以定制到。

　　这种大型玻璃水族箱的落下式过滤槽，具有对不同水量的水族箱的过滤能力，可以很轻松地饲养热带鱼。这些水族箱除了外带过滤系统价格较高以外，应该是一种可以长时间使用的产品。

"裸箱"饲养

　　水族箱底部没有铺设沙砾的水族箱叫做"裸箱"，在这种水族箱内饲养热带鱼自然也就叫做"裸箱"饲养。这种水族箱最大的优点是底部没有砂石，积累下的垃圾或者粪便一目了然，可以立刻用蛇皮管排除。这是一种比较易于管理的水族箱。

　　说到热带鱼水族箱，大多在底部铺设了砂石，但也有很多品种可以在"裸箱"里饲养（如七彩神仙鱼等）。确实，如果水族箱底部没有铺设沙砾，就丧失了许多天然的趣味。"裸箱"饲养虽然牺牲了美观，但是可以获得管理的便利性，最重要的是可以保证鱼的健康。

　　"裸箱"饲养的另一个优点就是，水箱的设置变得简单了。但是由于没有沙砾，保证水质的稳定需要一段时间，这点需要充分注意。

躲藏在水族箱底部塑料管内的斑马鸭嘴的幼鱼。性格胆小，在水族箱内做出一个隐蔽的场所，它就会生活得很踏实。

美丽灯饲养一段时间后，就会呈现出富有魅力的体色。

精心饲育，养出优美体色

　　花很多时间精心饲养热带鱼的爱好者被称为
"鱼痴"。他们开始购买的都是热带鱼的幼鱼，
热带鱼商店出售的都是刚刚进口来的幼鱼，体色
还没有完全显现出来。经历了一段时间的精心饲
养后，就会显现出热带鱼本身的优美体色。

　　饲养热带鱼的最大乐趣就是花上一段时间精
心照料，看着它们的体色逐渐变得优美起来。也
正是因为这个原因，有很多爱好者都喜欢去挑战
那些被称为"难以饲养"的热带鱼。

水草造景水族箱内群游的红鼻灯。红鼻灯的体色和姿态与红头
剪刀相像，但是头部却很不容易变红。很多热带鱼饲养的权威
人士都喜欢饲养红鼻灯。通过自己的饲养，看着它们的头部一
点点地变红获得很多的乐趣。

正在守护着刚刚开始学习游泳的幼鱼的金钱豹的夫妻。

热带鱼的繁殖

　　观察热带鱼繁殖是饲养热带鱼的另一大乐趣。看着自己饲养的热带鱼不断地在水族箱内繁衍生息，壮大队伍，可以说得上是令人感动的一幕。在自家的水族箱内观察生命的诞生，慢慢体会，就更容易感受到饲养热带鱼的乐趣了。

体会繁殖热带鱼的乐趣

　　热带鱼的雌鱼和雄鱼如果能够健康成长，到了成鱼以后就会迎来它们的繁殖期。热带鱼中有很多是难以在水族箱内繁殖的品种，但是总的来讲还是可以繁殖的品种多一些。

　　当然，根据热带鱼的大小和种类，繁殖的难易程度也不一样。对于热带鱼饲养的入门者来说，还是有很多品种可以让人轻松地体会到繁殖的乐趣的。热带鱼中最容易繁殖的应该是孔雀鱼，这种鱼的繁殖属于卵生繁殖，也就是母鱼直接繁殖出幼鱼（大多数卵胎生鳉鱼的繁殖方法），任何人都可以轻松体会到它的繁殖乐趣。采用同样繁殖方法的还有月光鱼、剑尾鱼。它们的繁殖方法和孔雀鱼一样简单，也正是因为繁殖简单，一不小心就会繁殖过多。

　　有了孔雀鱼繁殖经验后，就可以体会真正的繁殖热带鱼的乐趣了。

从繁殖慈鲷鱼开始

慈鲷鱼大多是从中南美洲和非洲进口的品种。基本上雄鱼和雌鱼会一同守护鱼卵和幼鱼。当雌鱼产卵后，雌鱼会把鱼卵含在嘴里，绝食2周左右，来保护自己的幼鱼，这也是它们很知名的一个习性。另外，坦噶尼喀湖的慈鲷鱼喜欢寄居在死后的螺的空壳内，繁殖的时候也会在空壳内产卵，是一种非常有趣的繁殖方式。

可以以慈鲷鱼的繁殖作为正式的热带鱼繁殖的开端，主要理由如下：

①有很多美丽的品种可以饲养。

②即使小型鱼中也有很多容易繁殖的品种。

③雌鱼和雄鱼保护鱼卵和幼鱼的方式很有趣。

④品种很受欢迎，即使繁殖很多也不愁没有人接受。

⑤幼鱼容易抚养（从一开始就很容易喂饵。尤其是口哺型的鱼种，基本上给什么就吃什么）。

究竟从哪种鱼开始繁殖，这也要因个人的喜好而定。一般来说神仙鱼长到一定程度后，就能够自由繁殖了，比较容易。

繁殖慈鲷鱼的时候有一点需要注意，就是一旦繁殖成功就会有100多条幼鱼，要想自己饲养幼鱼，就必须增加水族箱。初次繁殖成功，肯定会开心，一下忍不住想全部饲养，但最好根据自己的水族箱的情况来决定饲养数量。

慈鲷鱼的繁殖，能够让人充分体会到繁殖热带鱼的乐趣。请一定尝试一下，肯定会带给您独一无二的感受。体验了慈鲷鱼的繁殖乐趣后，有很多热带鱼爱好者就会立刻沉迷于繁殖热带鱼。

正在进行口孵的慈鲷鱼

正在进行口孵的南美洲产慈鲷鱼(琴尾鱼)。图中是感到危险的慈鲷鱼幼鱼急忙逃到妈妈的口里避难。在出生后很长一段时间，幼鱼都会受到母鱼的保护。

在石头上产卵的慈鲷鱼

图中是正在平整的石面上产卵的一对慈鲷鱼。像这对鱼这样喜欢在石头或者浮木等基质上产卵的鱼种被称为基质产卵鱼。中美洲产慈鲷鱼大多是这一品种。

繁殖习性最特别的七彩神仙鱼也是慈鲷鱼的一种。掌握了热带鱼的饲养技术以后，一定努力要尝试一下繁殖热带鱼。

刚刚孵化的黄麒麟的幼鱼。

黄麒麟的繁殖

　　黄麒麟是较易繁殖的南美洲产慈鲷鱼的代表品种，经常有东南亚品种进口。只要将数条成年的雌鱼和雄鱼放在一起就会自然繁殖，但是成对的雌鱼和雄鱼经常会攻击其他同类，需要注意。

　　当雌鱼和雄鱼配对成功后，在水族箱内放入较大的表面平整的石头，它们会先用嘴把石头表面清理干净，然后开始产卵。首先雌鱼在石头表面产卵，然后雄鱼会把精子排在卵子上，形成受精卵。接下来雌鱼和雄鱼会不停地扇动鱼鳍把新鲜的水洒在受精卵上，等着幼鱼孵化。

辛辛苦苦照料刚出生的幼鱼的母鱼。慈鲷鱼的雌鱼和雄鱼用嘴会把刚刚孵出的幼鱼拾到水族箱底部沙砾中的坑洼处来保护幼鱼。每当感到受到威胁就会再次搬家。

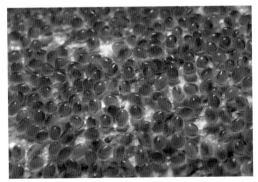

马上就要孵化的受精卵。受精卵到了孵化的时候就会逐渐变黑。先从幼鱼细长的后半身开始孵化，然后看到尾鳍在不停地摆动，从卵壳内挤出。有的时候雌鱼和雄鱼会帮助幼鱼脱离卵壳。

守护鱼卵的黄麒麟。产卵后黄麒麟的雌鱼会用鱼鳍把新鲜的水撒到受精卵上。雌鱼和雄鱼会一直照顾受精卵直到幼鱼孵化。

躲在水草下的幼鱼。雌鱼和雄鱼为了保护幼鱼会把它们隐藏在各种隐蔽的地方。很多时候，会看见从水草上垂下一群幼鱼的情形。幼鱼的身体有黏液连着，使它们可以粘在各种物体上。

孔雀鱼的繁殖

　　属于卵胎生鳉鱼，所以孔雀鱼的母鱼不是产卵而是直接生出幼鱼。孔雀鱼的繁殖力非常强，只要如常饲养就可以生出幼鱼，所以孔雀鱼是最合适入门者饲养的热带鱼。另外，孔雀鱼一次会产30～50条幼鱼，如果将所有的幼鱼都饲养大，会对水族箱产生很大的压力，需要注意。

暹罗斗鱼的繁殖

　　斗鱼的雄鱼会从嘴里分泌黏液在水面上做出泡巢，作为母鱼产卵的卵床。雄鱼会把雌鱼引到泡巢下面，用身体卷住雌鱼使其产出卵子，同时自己排放出精子使卵子受精。雄鱼在雌鱼产卵后，会立刻用嘴把鱼卵放到泡巢里，一直守护着鱼卵，直到幼鱼孵化成功。幼鱼孵化后，雄鱼也会一直守护着幼鱼，直到幼鱼可以独立为止。

七彩神仙鱼的繁殖

　　七彩神仙鱼体色优美，体格健硕，人气很高，而更著名的是它独特的繁殖方式。七彩神仙鱼繁殖的特点是，幼鱼在自己能够独立游泳以后，以雌鱼和雄鱼的体表分泌的黏液为食。远远看去，在雌鱼和雄鱼身上吃食黏液的幼鱼就好象珍珠撒落在成鱼的身上。对于热带鱼爱好者来说，看到这样的景色是自己的一大梦想。

卵生鳉鱼的繁殖

　　卵生鳉鱼中的假鳃鳉属的鱼在产卵后，会把卵从水中取出稍微干燥一下，再放入水中，否则就无法顺利孵化。这些鱼在自然环境下生活在非常浅的小水坑里，雨季来临时雌鱼和雄鱼产卵。到了旱季水坑里水枯了，这时雌鱼和雄鱼就会干死，而鱼卵会在干涸的土地里继续存活。

枯叶鱼

有时候试着繁殖一下像枯叶鱼这样稍微奇特的品种，也是一件很有意思的事情。能够繁殖出没有人繁殖过的品种，在热带鱼爱好者的圈子里也是一件值得炫耀的事情。这样少见的鱼类的可参考的繁殖信息很少，也正是因为如此，一旦繁殖成功才更有价值。

刚刚孵化的枯叶鱼幼鱼。

加拉辛鱼的繁殖

　　加拉辛鱼喜欢到处产卵。有不少鱼在水族箱内产的卵很容易受损，难以繁殖。加拉辛中的溅水鱼，在产卵的时候会从水面跃出，把卵产在水上植物的叶子背面。

鲤科的繁殖

　　鲤科和加拉辛鱼相同，有很多都是四处产卵的种类（三角灯会在叶子背面产卵）。不过，其中也有像唐鱼、斑马鱼这样比较容易繁殖的品种。

抱卵的雌红蜜蜂虾

抱卵的雌红蜜蜂虾腹部会很突出，一旦有卵一眼就能看出来。图中是有卵的雌鱼，但是这个品种可能会有性别转化，有时候看上去身体细长的雄鱼腹部也会抱卵。

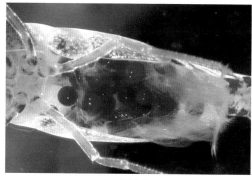

红蜜蜂虾

红蜜蜂虾的卵较大。从这些大大的虾卵里形成小虾，然后小虾直接从卵里产出，因此可以在水族箱内繁殖。幼虾就像芥子粒一般大小，和小型加拉辛（霓虹灯鱼）在同一水族箱内混养，会立刻被吃掉，无法繁殖。

虎纹恐龙王

大型热带鱼爱好者十分喜爱的虎纹恐龙王，也可以在水族箱内繁殖。它同样喜欢四处产卵，一次产卵数百粒，卵很小，很难想象是这样一种大型鱼产出来的卵。卵的直径只有1.5mm，很难看出来，因此最好在水族箱内铺设白色细砂。幼鱼的成长速度很快，喜欢吃线虫。

虎纹恐龙王的幼鱼

虎纹恐龙王的幼鱼全身呈黑色，大概数万条里才会有一条身体是白色的白子种。这种个体十分稀少，是热带鱼爱好者梦想中的鱼种。

在空螺壳内产卵的慈鲷鱼

坦噶尼喀湖有很多种慈鲷鱼喜欢住在空螺壳里，甚至在螺壳里产卵。也有全长在7cm左右的可繁殖的鱼种，在小型水族箱内也可以繁殖。上图是新亮丽鲷属紫蓝叮当的幼鱼。

亚洲龙鱼的幼鱼

亚洲龙鱼的繁殖十分困难，能够完全成功繁殖此鱼种的热带鱼爱好者很少。但是也并不是完全不能繁殖，是一个值得挑战的活动。能够成功繁殖亚洲龙鱼，是龙鱼爱好者的最大目标。

罹患了胡椒病的FOE佛氏圆尾鳉，远远地看上去就像全身撒满了白色的面粉。

热带鱼易患的疾病与治疗

　　热带鱼既然是一种生物，那肯定也会得病。这些疾病大多是由于饲养者的不当行为导致的。如果饲养状态好，热带鱼的体色就会非常艳丽；同样，如果管理不善，它们就会以生病来提示饲养者管理不恰当。

白点病

　　水族箱里80%以上的热带鱼病都是这种疾病。鱼的身体和鱼鳍上都附着小白点，而且白点的扩散速度还很快。病因是有一种纤毛虫寄生在鱼皮上，鱼感到瘙痒就会不停地在石头上蹭来蹭去。这种病发病的诱因是由于水温不稳定或投入了不够新鲜的活饵，以及投了过多的鱼饵，剩下的鱼饵在水中腐烂导致水质突变。这种病不易在使用时间较久的水质稳定的水族箱内发作，经常

会在新设置好的水族箱内出现。尤其是在冬季，鱼对不稳定的水温比较敏感的时候容易突发疾病。

　　纤毛虫的分裂速度极快，极易繁殖。随着症状的发展，很快就会使全身都覆盖上白色斑点，最后鱼的表皮和鱼鳍全部溃烂，导致死亡。

　　一旦出现白点病，就要立刻把水温调高到30～32℃，投入治疗白点病的药物。水温提高后，纤毛虫的分裂速度就会变慢，鱼的新陈代谢变快。白点病是饲养热带鱼时肯定会遇到的

患了白点病的霓虹灯，身上白点数量还不多，还在可以救治的阶段。

得了烂尾病的孔雀鱼（初期阶段）。尾鳍的尖部已经变白了。

得了胡椒病的三角灯。现在已经在扩散了。

疾病，所以最好事先预备好药物。现在也有不伤害水草的治疗白点病的药物。

烂尾病

水温在26℃以下低温环境内的易发疾病，显示为鱼鳍的尖端变成红色，然后慢慢腐烂，随后嘴部变成白色腐烂。这是一种细菌性疾病，根据病情的进展，有的鱼的鱼鳍会全部脱落，甚至发生口部缺损现象。如果鳃盖也染上了，鱼就会死亡。

治疗方法是投入含有孔雀石绿的抗鱼病药（绿F）。如果可以，最好把发病的鱼放在别的水族箱内隔离，在那里治疗。同时还可以按照每20L水一小匙食盐的比例撒入食盐，效果更好。

胡椒病

和白点病有些相似，仔细观察就会发现在身体表面附着了一层比纤毛虫更小的东西。发病状态和白点病相似，一旦发病立刻扩散到全身。刚开始的时候看不出什么异常，病情严重后鱼会变得动作迟缓最后导致死亡。在卵胎生鳉鱼、卵生鳉鱼、小型加拉辛鱼身上常见的一种疾病。

治疗需要在30~32℃的水族箱内进行，投入绿F等鱼药。同时还可以按照每20L水一小匙食盐的比例撒入食盐，效果更好。

水霉病

　　把鱼从一个水族箱移到另一个水族箱的时候，鱼儿彼此之间发生争斗后伤到表皮，伤口上附着了水霉菌，水霉菌生长后感染就形成了水霉病。刚开始比较轻微，但是伤口化脓后水霉菌会使伤口更加恶化，与其他各种细菌混合在一起后，感染恶化最终导致鱼儿死亡，是不能小觑的疾病。一旦发现病兆就要立刻治疗，这样在病情严重之前，鱼就可以凭借自身的自愈力治疗好附着了水霉菌的伤口。一旦犯病后就要立刻放到治疗用的水族箱内，投入含有孔雀石绿的药品（绿F）。

竖鳞病（松球病）

　　这也是一种细菌性疾病，病鱼鳞片竖起，体侧有红色的斑点，活动不灵活。随着病情的发展，有时体侧就会裂开大口子。大多是由于水族箱内饲养的鱼的数量太多，换水次数太少导致饲养环境恶化而引起的。水族箱设置好后过滤细菌还不是很活跃，难以保持水族箱内的水质稳定，这时就容易发病。

　　治疗的时候，可以在水族箱内放入能把水色变成黄色的磺胺嘧啶(SD)或呋喃西林粉等鱼病药。最好把病鱼放入小型水族箱内隔离治疗。另外还可以按照每20L水一小匙食盐的比例撒入食盐，效果更好。

磺胺嘧啶对治疗细菌性疾病比较有效。平时，我们要准备多种鱼病药，以备不时之需。

恐龙鱼寄生虫

100%的野生恐龙鱼身体上都有的寄生虫，十分有名，就连名字都用恐龙鱼命名。可以在绿金药液中进行药浴（固定量的1/2～1/3）。如果饲养了野生采集的个体，最好暂时先放在检疫用的水族箱内饲养。

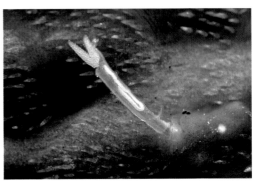

锚头蚤病

它的名字正如其外形一样，长得很像墨鱼。这种寄生虫长8mm左右，插在鱼的体表。感染了这种寄生虫，鱼会浑身发痒，不自然地用身体不停地在岩石或浮木上擦痒，这样就容易罹患竖鳞病。最好一发现就立刻用镊子摘除。

脊柱后天变形

南美洲产小型加拉辛和诺门灯鳉经常会出现这种疾病，脊柱弯曲变形的个体，这应该是一直喂食干燥鱼饵造成营养不良而导致的疾病。非常遗憾，到目前为止这是一种无法治疗的疾病。

眼部失明

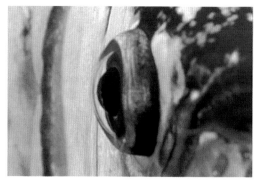

暴眼病

经常会因为鱼类之间的争斗而伤害到眼睛，导致失明。虽然可以治疗好伤口，但是视觉却无法恢复。图中是已经治好伤口的个体，也有的个体从此丧失了眼球，最后只留下两个眼窝。

大型鱼容易罹患的疾病，症状是眼球异常突出。主要是由于水质不好而引起的，只要勤于换水或者是把鱼放到水质环境比较好的水族箱内，就可以自然治愈。治疗药物可以使用绿F或日本黄粉。

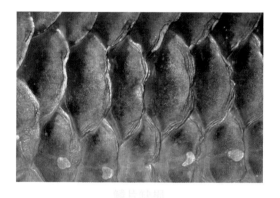

鳞片缺损

鳞片缺失

在过背金龙身上经常发现的病症，不知道什么原因，鱼鳞从尖端开始就像融化了一样逐渐缺损。具体成因并不知道，只要定期在鱼鳞缺损部分涂上绿金就可以恢复。

鳞片缺失经常发生在亚洲龙鱼身上，尤其是红龙鱼最多，可能是由于某种原因造成鱼的纷争，从而导致鳞片剥离。图中是红龙鱼鳞片缺失的照片，体色越鲜艳鳞片缺失后就越明显，过数月或者半年后会自然长出新鳞片。

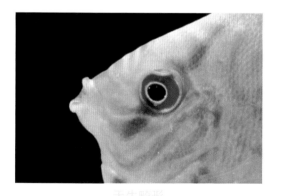

天生畸形

体型过瘦

人工繁殖的热带鱼最容易出现天生畸形，症状很多，有的是天生鳃盖呈红色。或者像图中的七彩神仙鱼这样眼部歪斜，畸形多种多样。在购买的时候最好注意。

小型加拉辛鱼最容易出现的症状。一旦发病很难恢复，可能是内脏受损导致的，使用鱼病药物效果不佳。

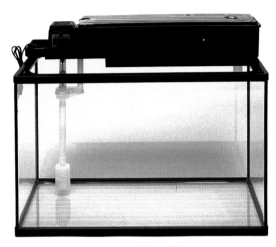

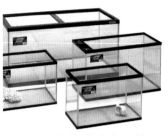

各种规格的玻璃水族箱

玻璃水族箱的规格从30~180cm不等（各个厂家的产品规格不一）。玻璃水族箱最大的好处就是不容易划伤，但是与亚克力水族箱相比有重量大、价格贵、易碎等缺点。特别定制最大可以做到3m，价格昂贵。

亚克力水族箱

大于60cm的亚克力水族箱要比玻璃水族箱便宜。但是，亚克力水族箱有一个缺点就是易划伤。也可以根据自己的需要请人定制各种尺寸的水族箱。

亚克力水族箱

60cm玻璃水族箱

饲养热带鱼最常用的玻璃水族箱就是60cm（规格品）水族箱。规格为60cm×30cm×36cm。水族箱上面摆放的是最流行的顶部过滤器。除此以外，再加上一些保温器具就可以开始饲养热带鱼了。

塑料箱子

小型塑料容器，通常用来装小虫子。一般需要备2~3个。

水族箱专用架

组装式水族箱最常见，实际上还有很多更漂亮的水族箱架。

组装式水族箱架

热带鱼的饲养用具

热带鱼水族箱必不可少的用具，包括水族箱、带泵过滤器以及保温器具（加热器、温度控制器），除此以外还有很多便利的辅助性器具。

自动加热器

把加热器和温度控制器合为一体的产品。分为两种，一种是把温度固定设置在26℃的自动加热器，还有一种可以调节温度。防水，可以直接放在水族箱里。

电子温度控制器和加热器

左图是与电子温度控制器与加热器连在一起不可分离式的，右图是加热器和电子温度控制器可分离式的。左侧产品的缺点在于，如果加热器坏掉了，就不得不全部换新的。

电子温度控制器

人们公认电子温度控制器比传统的机械仪表式控制器要准确得多。但是，并不能保证其毫无故障的运行，最好不要过于依赖此产品，以减少失败。

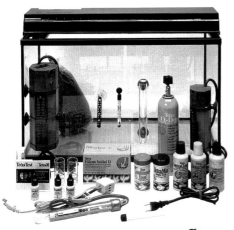

水草水族箱的配置

要想好好地享受饲养水草的乐趣，除了配置基本的水族箱内设备以外，还要准备好水草栽培专用产品。必需的水草栽培产品有二氧化碳泵、二氧化碳添加器具（扩散筒）、底部添加肥料、液体肥料、防止二氧化碳流失的带泵过滤器。购买时最好向店员咨询，可以避免失败。

pH值检测仪和pH值检测试剂

pH值检测仪是最便利的检测水中pH值的设备，但是价格偏高。比较经济的检测水中pH值的方法是使用pH值测试剂。也有可以检测水的硬度的测试剂。

底部过滤器

设置在水族箱底部的过滤器，通常在上面铺设上沙砾，很传统的过滤器。可以利用水族箱底部的全部面积进行过滤，过滤性能极高，但是需要定期清理。

左：带有水中马达的底部过滤器。
下：普通的底部过滤器。

空气泵

利用电磁石震动的送气装置。最近空气泵的噪音比以前的产品小了很多。

水中泵

用于在水族箱内制造水流的产品。在它上面装上海绵过滤器后，也可以当作副过滤器使用。

水中过滤器

用管子和空气泵连接的简易过滤器。

顶部过滤器

最流行的带泵过滤器。由于放置在水族箱顶部，有时候会影响照明。不适合在水草水族箱内使用。

水温计（模拟式）

老式的模拟水温计。价格低廉、测量精准。

75cm水族箱用顶部过滤器

水中带泵过滤器

固定在水中的带泵过滤器。可以防止水中的二氧化碳流失，适合在水草造景水族箱内使用。

外挂式过滤器

全密闭式带泵过滤器，通过水管和蛇皮管把水族箱内的水吸出，在水族箱外进行过滤。过滤能力较大，可以防止二氧化碳流失，最适合在水草造景水族箱内使用。

落下式大型过滤器

放置在水族箱底部的大型过滤槽中加入大量的过滤材料，是过滤效果最强的过滤器。一般这种过滤槽都是和水族箱一同从热带鱼商店定制。如果已经有了水族箱后，再后配这种过滤器比较困难。想配这种过滤器的时候最好先向热带鱼商店的店员咨询一下。

珊瑚沙

把死去的珊瑚的骨骼碾碎成沙砾或小豆大小。把水质调成偏碱性的水质时的必备产品。最适合在饲养马拉维湖鱼时使用。

各种沙砾

左起，珊瑚沙、河沙、硅沙、大矶沙（南国沙）。河沙，是自己在河流里收集的沙子，根据采集场所不同容易混入石灰岩，使用这种河沙容易使水质变成偏碱性水质。硅沙虽然也可以使水质呈弱碱性，但是颜色是白色可以使整个水族箱变得比较明亮。大矶沙（南国沙）是最受欢迎的水族箱用沙石，最适合用于水草造景水族箱内。

各种过滤材料

过滤材料是指放在过滤槽中用来繁殖有过滤作用的细菌的繁殖床。根据水族箱的不同设置，厂家提供的过滤材料也多种多样。最常见的是剪成小小的环状的过滤材料。这种过滤材料中最有名的是一种叫做"生物环"的材料。价格相当贵，但是过滤效果好，有许多热带鱼爱好者都喜欢使用它。

袋装水族箱用沙砾

成袋销售的水族箱用沙砾，其中洗干净的沙砾很少，使用前需要充分洗涤。一定要在盆里像淘米一样仔细冲洗沙砾直到没有污物排出。

水族箱用荧光灯

60cm水族箱用的荧光灯有两种，使用1根灯管的和2根灯管的。2根灯管的照明效果是1根灯管的两倍，适合用于水草造景水族箱。在没有设置顶部过滤器的60cm水族箱内，需要两个2根灯管的荧光灯，总瓦数可以达到20WX2X2=80W。

4根灯管水族箱用荧光灯

ADA公司出售的4根灯管水族箱用荧光灯。由于荧光灯散发的热量容易使灯管表面变得模糊不清，为了防止这一现象，特意安装了电动风扇。另外，还可以根据需要只亮2根灯管，设计时考虑比较周到，使用方便。

金属照明灯

用于需要强照明才能生长的珊瑚照明使用，主要在饲养海水热带鱼时使用。大多用于大型水族箱。

24小时计时器

一般的电器店有售。在热带鱼水族箱内，主要用于控制照明时间。另外为了防止苔藓的繁殖，水草造景水族箱的照明时间最好控制在8~10小时。

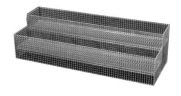

造景用台阶

用打孔合成树脂做成的水草造景用台阶。图中是热带鱼商店内最常见的产品，也可以自行制作，利用它可以简单地造景。

造景用石

热带鱼商店里经常有造景用石出售，如果没有自己中意的，还可以到河边自己采集。根据采集的地点不同，可以收集到很多色彩鲜艳的石头，但是实际上色彩比较朴素的石头一直人气不衰。

水族箱造景用小型石材

热带鱼商店里出售的石材，大多纹路很好看。它们是水族箱制造商从国内外购买的各种水族箱装饰用材料，已经很商品化的产品，价格卖得很高，但是也会有很多同种类的石材。如果能够买到花纹统一的石材，在水草造景中使用也很方便。

造景用浮木

热带鱼商店出售的浮木，基本上都是进口的外国产浮木（主要来自菲律宾）。沉入水底后，会有一些脏东西冒出，可以通过用锅煮等手段先去掉这些脏东西后再使用。

空的蜗牛壳

作为法国料理高级食材，经常会进口一些蜗牛，食用这些蜗牛后留下的空壳，是主要生活在坦噶尼喀湖的鱼寄居生育（借螺类的壳产卵繁殖的热带鱼）的最佳住处。

自立式水族箱隔离板

适合在饲养龙鱼的水族箱内进行隔离饲养的用具。可以自立，只需要调整一下方向就可以取消隔离。可以在龙鱼专卖店购买到。

普通鱼使用隔离板

普通的热带鱼商店就有出售的隔离板。可以通过小吸盘进行固定。埋在水族箱底部的沙砾中，可以很好地固定住。但是固定得并不稳固，不适合用于饲养大型热带鱼的水族箱内。

磁石式苔藓清除器

通过强力的磁力夹住玻璃，外侧的移动式磁石会带动玻璃内侧的磁石移动，从而擦掉玻璃表面的苔藓。如果玻璃内侧的磁石掉到底部沙砾上，就会吸起细沙附着在磁石表面，在磁石上下移动清除苔藓的时候，附着在上面的细沙容易划伤玻璃表面。

小鱼网

用于捕捞水族箱内的热带鱼的鱼网，黑色的鱼网比白色的更容易捞起热带鱼。因为鱼遇到危险时都喜欢逃向较暗的地方，黑色的鱼网容易被鱼当成避难所，自己就会逃到里面。

杀菌灯

具有强力的杀菌效果的紫外线灯，设置在内部的水中杀菌装置。使用杀菌灯，可以提高水的透明度，可以去除水中的黄色物质，预防鱼病。

游曳在由换气装置排出的气泡水幕间的亚洲龙鱼。

也有长形的气泡石。

棒状气泡石
短棒状气泡石。释放气泡部分由陶瓷制成，比普通的气泡石的耐久性要好。

圆盘状气泡石
从扁平的圆盘状气泡石释放出许多小气泡。这样的气泡石吹出的小气泡有的时候会像龙卷风一样拧在一起，很有趣，是很好的装饰品。

投饵器
设置在水面附近的投饵器。最适合用于投放活饵线虫。即使是空着放在那里也不会对鱼产生影响。它还可以防止没有吃完的鱼饵漏到水底。

线状加热器
线状加热器的加热能力不是很强，适合深深地埋在底部沙砾中。通过加热器加热可以使水族箱底部形成对流，在内部制造氧气。水族箱底部的水温通常比较容易降低，有了它可以保证水温，还可以促进植物根部生长。

带卡子的水族箱盖
亚洲龙鱼等大型鱼到了晚上可以轻松地顶开水族箱盖子，跳出水面后窒息而死，这样的事情不少。为了防止这种事故发生，发明了这种带卡子的盖子。

水草造景水族箱用水族箱台的内部构造，布局整齐，就好像是化学实验室一样。

照片背景屏幕
印有水草图案的背景屏幕。适合在"裸箱"内使用，可以使拍出的照片更好看。种类很多。

海绵过滤器的海绵一般套在过滤器的吸水部分。

苔藓清除工具
手工清除水族箱内的苔藓的工具。选用了不会伤害的亚克力板的材质。

海绵过滤器
与空气泵相结合组成的最古老的过滤器，过滤能力很强，有不少拥趸者。

海绵过滤器
海绵过滤器有很多厂家生产的产品，式样也很多。

淡水贝清除器
清除侵入到水族箱内的淡水贝的工具。在容器内装上诱饵，把淡水贝吸引到里面，就可以轻松地清除淡水贝。

小风扇
夏季水温过高的时候，可以直吹水族箱体或者水面，这样就可以使水温降低2~3℃。在小型便利店有售，价格低廉。

喂食计时器
到了设定好的时间，背部的投饵器就会转一圈，将一定数量的鱼饵投放到水族箱内。一天内可以设置数次喂饵的时间。也有蓝色的。

镊子
种植水草时不可缺少的工具。在没用习惯的时候可能会徒手种植更方便，等到用惯了就会觉得还是镊子方便。有大中两种型号的镊子，使用很方便。

水族箱底部扫除工具
把筒状的部分深入到水族箱底部的沙砾中，通过吸力把沙砾和垃圾一同吸起，在排水的时候只排出垃圾，而留下沙砾（沙砾由于重力回落到水族箱内）。

水盆
在洗涤沙砾时、处理水草时使用的道具。直径在50~60cm，越大越方便。但是收纳不太方便。

玻璃盖
有很多鱼到了晚上会跳出水面，所以通常给水族箱盖上盖子比较好。另外，玻璃制品容易碎，最好提前买好备品，这样万一碎了也不会慌张。

小型二氧化碳泵

带有减压装置的小型高压二氧化碳泵（全长18cm）。对于热带鱼饲养来说是非常昂贵的产品，但是总体成本要比低压泵便宜多了。

ADA小型二氧化碳泵

ADA公司设计的知名热带鱼饲养用品。虽然二氧化碳都一样，但是ADA公司的减压装置与其他公司的口部形状不同，只能连接ADA公司的泵。

活性炭

可以吸收泛黄的水族箱中的杂质，将水变透明。但是同时也会吸收鱼药，而且如果使用量过大，容易造成七彩神仙鱼的皮肤干燥。

亚克力板划痕清除剂

可以使用此清除剂研磨亚克力板在使用过程中形成的划痕，使其不再醒目，但是不能完全去除划痕。

小虾孵化器

外观非常有趣的鳞虾卵孵化器。在水族箱内加上与海水同比重的盐水，通过空气管送进空气，可以在圆盘状的容器内使海水和卵一同旋转。

小虾孵化器

在普通的热带鱼商店就可以买到的普通型鳞虾卵孵化器。构造简单，自己把饮料瓶加工一下就可以制作出来，因此也有很多人自制。

钓鱼线（尼龙鱼线）

可以用结实的尼龙钓鱼线把水草和浮木固定在一起。钓鱼线的粗细不一，对强度要求不高，所以不必买太粗的。

硅胶黏着剂

没有加入对鱼有害的防霉剂的硅胶黏着剂。通常都会在用途上标有浴缸修复用，最好事先确认好后再购买。也可以用于粘石头。

不锈钢制水管固定器

用于固定外挂过滤器的水管和蛇皮管，可以防止不注意的时候拉掉管子。强烈推荐图中这种可以通过拧紧螺丝来使其变紧的产品。

合成树脂制成的吸管

在小商店经常有售。商店里的吸头部分都太细，需要用剪子先剪掉前部，适度地扩张一下，这样就可以吸起用水化开的冷冻赤虫了。

底部添加肥料

混在底部沙砾中使用的慢性水草用肥料。混入沙砾的工作十分麻烦，但是使用后非常有利于对营养要求较高的皇冠类水草的繁殖。

取粪装置

可以强力吸出飘浮在水中和沉在水底的鱼粪，主要是通过空气泵来输送空气，十分方便，是大型热带鱼爱好者喜欢使用的产品。

第四章

热带鱼水族箱

放置在窗边的水草造景水族箱。如果没有负载问题，外飘窗是放置水族箱的一个好地点。

热带鱼水族箱的挑选和设计

　　如果有购买水族箱的计划，可以参考其他的爱好者是如何选择水族箱的。看了别人布置的水族箱后，就会知道自己究竟想要什么样的了，或者也可以自己设计。

　　在购买的时候，可以根据自己的预算来决定买什么规模的水族箱以及设施。本节中会尽可能多地介绍各种水族箱。其中也有一些比较昂贵的水族箱，可以把它们当做是自己理想中的目标。

　　一般来说，很多人饲养热带鱼以后就会沉溺其中。开始不断更新或是扩大自己的水族箱，这也许是由于热带鱼有着能够掳获人心的独特魅力吧。但是，水族箱的规模越大管理起来也就越困难。想购买多个水族箱的爱好者，可以在一开始就买一个大一些的水族箱。一般来说，有3～4个小的水族箱，然后再有一个大的水族箱，这样管理就容易多了。

如图所示，最好购买可以支撑住水族箱重量的金属架子。如果水族箱的摆放位置较高，最好用L型的金属部件把水族箱固定在墙上，这样即使有大地震也不会掉下来。

用大型角材连接在一起的60cm水族箱组合。

摆放在客厅的非洲慈鲷鱼混养水族箱。

根据外飘窗的尺寸特意定制的细长型有机玻璃族水族箱。可以向热带鱼商店定制特殊规格的有机玻璃水族箱。

放在书架上的小型水草水族箱。其中有通过茎节分生小株自由繁殖的迷你小水榕。

把水族箱放置在墙壁四周，营造出一个热带鱼观赏房。

摆放在玄关鞋柜上的水族箱，虽然空间小也可以灵活应用。但是空间狭小不易散热，电费会比较贵。

这是一个非常典型的只饲养一条亚洲龙鱼的水族箱。亚洲龙鱼大多采取这种方式饲养。

请木匠特别制作了一个水族箱架，专门放置150cm的混养水族箱。由于摆放在桌面上，日常维护也很方便。

放置在矮柜上的45cm水族箱。如果是放在家具上，最好避免使用较大型的水族箱。

上下摆放两个90cm的水族箱（长90cmX宽45cmX高45cm）的实例，中间靠大型角材连接。

手工制作的小型有机玻璃水族箱，为了增加它的强度特意用木头做了边框。小型有机玻璃水族箱制作比较简单。

摆放在玄关位置的七彩神仙鱼水族箱。为了起到更好的保温效果，左右两侧放置了泡沫塑料板。

在牙科医院里放置的热带鱼水族箱，很受患者的好评。

在玄关的鞋柜上摆放60cm的水族箱，用角材固定好后贴上防火板，不仅美观而且保温效果也好。

在玻璃瓶内饲养的水晶球盆栽（左）和水晶球热带鱼（右）

放置在书架上的30cm的水族箱。为防止地震时跌落，用L型工具固定在墙壁上。

放置在水族箱专用悬空架上的60cm和90cm水族箱上，为了防止水族箱温度上升，把荧光灯悬空放在水族箱上方。

并排放置几个大型水族箱的摆放实例。按照这种规模设置水族箱的爱好者为数不少。

左上图：嵌入在墙壁内的大型水族箱。水族箱嵌在墙壁内，从外面看效果很好。水族箱周围用防火板装饰起来，防火板上安装了把手，可以打开进行日常维护。图中只有放置了水族箱部分的墙壁略微向外突，而其余的墙壁依然保持原状。这么做是为了保持水族箱不占用过多的室内空间，在做好墙体以后再放置水族箱。

左下图：在盖房子的时候就已经制作好的大型水族箱。混凝土制成的台面看上去非常豪华，不是可以轻易效仿的。水族箱底部有很大的高性能大型桶式过滤器。

摆放在新建住宅的宽敞玄关内的大型水草造景水族箱。这个水族箱没有盖子（又称为开放式水族箱），从天花板上垂下来两个金属照明灯进行照明。在自家改造或者新建住宅时，一般是建造大型豪华水族箱的好时机。

摆放在公司会议室内的饲养大型热带鱼的水族箱。风格与会议室的设计风格与布局相统一，十分美观。里面饲养的鱼种是白金黑龙和虎纹恐龙王的黄色变种等等。

摆放在地下游戏室内的水草造景水族箱。水族箱的旁边是家庭酒吧。水族箱表面贴上了装饰瓷砖，通过左右的开口处进行日常维护。水族箱底部的瓷砖，还特意使用了鱼的构造和图案，十分特别。

在自家住宅施工的时候，就开始设计好的墙壁嵌入式观赏型巨型水族箱。实际上水族箱摆放在旁边的房间内，日常的维护也都在旁边房间内进行。另外水族箱的上部墙壁设有小门，可以打开进行维护，水族箱底部前的台子也可以蹲踩，虽然是巨型水族箱但是极易管理。

手工自制的60cm水族箱，底部有轮子便于活动，放在用角材制作的桌子内。只要稍微减少一些水族箱内的水，就可以轻松移动。

设置在房间的一面墙壁上的大型水族箱。水族箱放置在结实的金属台内，周围涂了相同颜色的漆，保持色调统一（制作这样大型的水族箱的时候，需要与热带鱼商店和专门制造商一起商量）。这个水族箱内饲养了各种虎纹恐龙王，是收集虎纹恐龙王的大型水族箱。大多数的热带鱼爱好者，在刚开始饲养热带鱼的时候都会饲养很多品种，到后来慢慢地就会集中饲养某一品种的热带鱼了。

某位亚洲龙鱼的爱好者在建造自家地下室时特意制成了大型混凝土水族箱（正面使用亚克力板），甚至做好了龙鱼繁殖专用水族箱，虽然体积巨大但是因为是混凝土制成的，总体造价还是低于亚克力板制成的水族箱。混凝土（带钢筋）的水族箱一旦建好就无法移动，是设置巨型水族箱的最佳方式。另外值得一提的是，这位爱好者还成功繁殖了被认为极难繁殖的亚洲龙鱼品种。

普通的热带鱼爱好者家的大型混养水族箱。饲养了许多对于热带鱼爱好者来说无法拒绝的品种。水族箱内只是简单地摆放了几块人型岩石，就充分营造出了水族箱内的氛围。水族箱周围营造出了丛林的造景，同时还在水族箱的后景部分放上了一些假的植物。另外，在做这样的大型水族箱的时候，必须委托装修公司对地面进行加固。也有很多人不做地面加固，如果遇到大地震就会使地面塌陷。

这是一位孔雀鱼和红蜜蜂虾爱好者的饲养室。据说这些水族箱是利用自家阳台的空间自己手工制成的。这样的专门饲养室可以使房间的暖气效果很好，维护费用比较低。

使用红色水草进行造景的水族箱。水族箱中央附近位置，一条皇冠棋盘正对着雌鱼挥动鱼鳍。

水族箱造景

　　在饲养了各种热带鱼的水族箱内，通过浮木、岩石以及各种水草造景，也是饲养热带鱼的一大乐趣。根据各种鱼的习性不同，有的鱼喜欢啃噬水草、有的鱼喜欢刨水族箱的底砂，并不是所有的鱼都适合和水草一起养殖。不过通过精心设计，即使只有岩石和浮木也能制作出非常好的水族箱造景。水族箱造景根据每个人的设计灵感以及想法千差万别，是一种非常富有创造性的活动。

规划好各种水草的数量进行种植。在水草中游曳的鱼群，是不侵食水草的南美洲产小型灯鱼霓虹灯。南美洲产小型灯鱼中也有很多侵食水草的品种（如银屏灯），在选择可以在水草造景环境中生活的种类时，可以向热带鱼商店的店员咨询。

以迷你小水榕、铁皇冠等生长缓慢的水草为主的水草造景。特点是几乎没有成长速度很快的，需要定期修剪的有茎水草。这样的造景给人感觉有些朴素，但是并不需要太多时间进行打理，可以长时间维持造景效果。

使用了两种有茎水草（节节菜和假马齿苋）进行大胆的种植与设计。前景密密地种植了一些较低的草皮，左侧种植了较大株的迷你小水榕来增强水族箱内的节奏感。水族箱内种植的水草种类比较少，这样的布局给人一种简洁的美感，将水族箱提升了一个档次。

模仿坦噶尼喀湖的水中岩石地带的造景，利用许多块大石头组合而成的景致。水族箱里饲养的正是来自坦噶尼喀湖的小型慈鲷鱼。为了避免只有岩石的单调感，特意在岩石间种植了一些可以在岩石上扎根的绿色植物——迷你小水榕（在坦噶尼喀湖并无分布）。

红色的有茎植物和绿色的有茎水草相互交杂，使它们朝着某一方向生长的水草造景。给人的感觉人工造景成分过多，但确实是一个有趣的观赏作品。这种造景使用的水草都是生长速度较快的有茎水草。要想维持造景效果，需要每2周重新种植一次绿色植物。

在自己家附近的河流里找到的形状很好的浮木，放在水族箱的中心位置。周围种上亚马孙产的水草（亚马孙皇冠和苔草科），饲养一对神仙鱼。像这样形状良好，能营造出画中景致的浮木在商店里是买不到的。可以到附近的河流或水坝（枯水期）周围寻找（一定要选择完全枯死的浮木，而不要选择半枯的）。自己采集的浮木如果立刻放入水族箱内，上面的赃物质会渗到水中影响鱼的健康，并把水质染成茶色。因此最好先洗干净，然后在大盆里泡上数月再用，并且浸泡时要经常换水。如果想尽快使用，那就先放在大锅里煮几个小时，待里面的脏东西完全清理干净后再使用。无论使用上述的哪种方法进行处理，只要是自己采集的浮木，放在水族箱里都会把里面的水染成茶色，这是不可避免的（市面上出售的浮木的品种与自家采集的不同）。不过也不用太介意，时间久了水自然就变清了。

在市场上销售的90cm规格的水族箱内（90cmx45cmx45cm）密集的种植了各种水草。这种高密度的水草造景，又叫做"密植造景"。对于初学造景的人来说难度有些大，最好在积累一定的经验后再来挑战。上图的造景需要是用镊子密集种植各种水草，也就是说，如果能够熟练使用镊子种植水草，就可以挑战这种造景方法了。

水族箱中央放置的浮木造景，是使用数块从市场上买来的浮木做出的，周围密密地种植了矮珍珠。基本上没有种植比较高的水草，可以确保鱼有足够的游泳空间。另外，这种造景的水草数量少，可以不用花费很多时间照料，这是它最大的好处。

在水族箱的背面贴上了大幅浅蓝色的背景。水族箱的背面实际上非常重要，面积也很大，这个部位选择什么颜色对于水族箱造景的影响很大。在较大规模的热带鱼商店里，经常可以看到最常见的黑色、蓝色膜，以及很多种类的膜在出售。

在规格为120cm（120cmx45cmx45cm）的水族箱内制造出的水草造景。这个120cm的水族箱宽度较大，很难做出有影响力的造景。另外，由于水族箱过大，一不小心就会种上很多种水草，结果就会使水族箱有一种非常杂乱的感觉，这也是难以造景的一个主要原因。在120cm的水族箱内造景之前，可以在60cm和90cm的水族箱里多多练习，提高技艺。

在大小不一的石头堆砌出的基础上，种植各种榕类植物的水族箱造景。只要适应了，榕类植物即使在湿度较低的环境内生活也不容易枯萎。

水陆造景水族箱

　　所谓的水陆造景水族箱，是由水族箱和陆地两个词结合而来的。它是指把水族箱内的水只放一半，在水面上通过浮木等造出小的陆地。这样不仅可以欣赏水面下的水草，还可以欣赏水面上的植物，这种造景法就是水陆造景。这样的造景，需要使用放置在水族箱内的泵和蛇皮管（陆地植物的种植工具）来不断地给陆地上的植物补充水分，使用这种造景方式，不能使用根部易腐烂的植物。

在玻璃制的水陆造景专用水族箱中制作的大型水陆造景。观赏价值非常高的作品。

在45cm的水族箱内制成的水陆造景。右后方是通过水泵吸上来的水制成的小瀑布。

60cm水族箱内的水陆造景。有茎的水草长出水面，直接变成了水面上的植物。

通过浮木和岩石做成的陆地部分。这一造景的水下植物主要采用椒草。

热带鱼水族箱的设置

水族箱的设置根据水族箱的种类、饲养的鱼种等稍有不同，但基本上的步骤都是相同的。下面就通过一系列的图片说明如何设置水族箱。在

刚刚设置好水族箱后，也是最容易造成热带鱼死亡的危险状态。不要立刻放入热带鱼，最好在设置好一周以后再开始饲养。

洗净水族箱，放置在台上。用胶带把水族箱内侧密实实地贴上黑色的薄膜。不要把水族箱放在阳光可以直射的位置上，最好是放在震动较少的地方。然后用淘米的方法把沙砾洗净铺设在底部，厚度1cm。

把固体的底部肥料按照规定的数量摆放在水族箱底部，再在上面撒上4～5cm厚的沙砾（越到后部可以铺设得越厚），放上浮木。可以使用三角板将沙子表面刮平。水族箱内放置好沙砾后就可摆放浮木和岩石。

接下来设置加热器、水温调控器和水温计。然后设置外部过滤器。在水族箱的沙砾上放一个小盘，把与水龙头连接的水管的另一端放在小盘上，开始给水族箱加水。这样加水的时候水流就不会把水族箱底的沙砾冲起来。

水族箱加水的时候，底部肥料溶化到沙砾中，水开始变得浑浊。准备好一个排水管，在加水的同时排水，这样就会保持水质清澈。使用底部肥料容易长出苔藓，这样做也有冲淡肥料浓度的作用。

Step 5

接下来给水族箱内放满水。将手放到水族箱内，水很满但不会溢出是最好的状态。水族箱内放满水后，就可以连上过滤器和水温调控器了，把水温设置在26℃左右即可。这时放入中和自来水中的氯的中和液。然后开始种植水族箱内的前景水草。

Step 6

种好了前景水草后，接下来种植中景水草。这时候，就要从整体布局的角度出发进行设计了。另外，对于初次进行水草造景，对自己的技术还没有自信的人来说，最好先画好示意图。看着自己的示意图种植水草，可以减少失败。

Step 7

前景和中景的水草种完后，最后就要种植后景的水草。后景水草种植起来比较困难，使用较大的镊子应该容易一些。另外，后景的水草如果选择生长速度较快的种类（如红丝青叶等），将来修整起来比较麻烦，所以最好避免。

Step 8

在设置好水族箱的5~7天后，水基本清澈了，就可以放入一些霓虹灯之类的小型鱼。注意不要一次放太多鱼。观察几天如果先放进去的鱼没有什么异状，再逐渐增加鱼的数量。在刚把鱼放入水族箱的一周内，少量放入鱼饵可以减少鱼的发病率。在鱼还没有完全适应新的环境时就过多地喂食，很容易导致其生病。

设置水族箱时的注意要点

设置好水族箱一周后，水质逐渐变得清澈，就到了该放入热带鱼的时候了。多数人肯定很希望能够尽早地把买来的热带鱼放到水族箱内，但是不要着急，这时候还有一道必须完成的工序，就是调节水温。

把热带鱼放入水族箱之前的准备工作

从热带鱼商店里买来的热带鱼都装在一个有氧气的塑料袋里。一买回来就立刻打开塑料袋把鱼放到水族箱里，由于水温和水质不同很容易使热带鱼生病甚至死亡。为了避免这样的情况发生，最好把从热带鱼商店买回来的装鱼的塑料袋放在水族箱内30分钟。一般经过了30分钟，塑料袋里的水温就基本上和水族箱的水温一致了，热带鱼就不会因为水温差而导致身体恶化。

30分钟后打开塑料袋，不要把塑料袋里的水和鱼直接放入水族箱内，而是要一点点地把水族箱内的水放到塑料袋里，5分钟后装满塑料袋。这样即使塑料袋中的水质（pH值）和水族箱内的水质略有不同，也不会对鱼产生很大的伤害。

另外，把鱼放到水族箱时，要注意不要混进小的贝类。

确认水温设置

刚把热带鱼放到水族箱里的时候，需要再通过控温器确认一下水温设定。因为电子温控器采用的是非常简单的旋转式设定器，稍不小心碰到，就会造成温度变化。

买回热带鱼后最好这样先放30分钟。

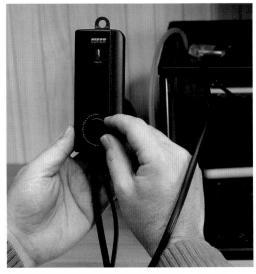

电子温控器的温度设置旋钮被碰触后容易旋转，要注意！

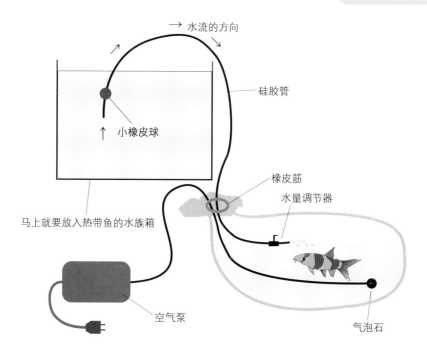

→ 水流的方向

硅胶管

小橡皮球

橡皮筋
水量调节器

马上就要放入热带鱼的水族箱

空气泵

气泡石

需要特殊设置的热带鱼的水族箱

饲养亚洲龙鱼的幼鱼和淡水魟等对水质比较敏感的鱼的时候，需要采取比左页介绍的更加慎重的方法，把鱼放进水族箱。

首先，把装有鱼的塑料袋放在水族箱中，悬浮30分钟。然后，把塑料袋口稍微松开，用橡皮筋松松地绑好，注意不要让里面的鱼跳出来。把送气管的一端与气泡石连接，放入塑料袋内，为了防止pH值突变，将送气量调弱一些。另取一条硅胶管，将其一端和水量调节器连接后放入塑料袋中，另一端放入水族箱中连接小橡皮球，将水族箱中的水缓慢导入塑料袋中。持续导入1小时，在塑料袋中的水满了以后，可以倒掉一半再继续进行。

通过以上操作，可以避免由水质的差异（pH值差、水的硬度差）或水温差而造成的鱼类身体恶化。

设置好水族箱2～3周内，不要使用水草用液体肥料

在水族箱设置好2～3周内，不要使用水草用液体肥料。这时因为水族箱内的环境还没有完全稳定，加入液体肥料后容易造成水族箱内的苔藓繁殖。在过了2～3周后，要一边观察水族箱内的苔藓的繁殖情况，一边一点点地加入肥料。不要认为加入的液体肥料越多水草长得越茂盛，如果加得过多反而会使水草枯萎，或者造成苔藓的大规模繁殖。水草的液体肥料最好是根据情况（是否有苔藓繁殖）适度添加比较好。

加入过多的液体肥料就会导致苔藓过度繁殖！

水草的种植方法与修剪

本节主要介绍在新做成的水草造景水族箱内，能够更好维持造景状态而必须知道的一些水草的基础知识。这些都是关于水草的小知识，了解后对于做出更好的水草造景水族箱很有帮助。

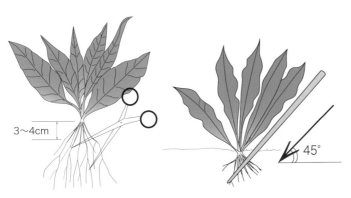

在购买了亚马孙皇冠类等产品后，由于其根须比较长，直接种植会立刻枯萎，最好用剪子在距根部3~4cm处剪断。用镊子呈45°角捏住根部种植到水族箱的沙砾中。种好后立刻拔出镊子，用手把根部周围的沙子聚拢，轻轻压实。

使用专用工具种植，可以不湿手就种好水草。不过在夹小水草时不太方便。

用镊子夹住有茎的水草进行高密度的种植时，不能像左图那样的角度捏住根部，而是要像右图那样让镊子沿着茎的方向植入。采取这样的种植方法，可以很轻松地从密集种植水草中抽出手，使操作更加流畅。

使用镊子直接把水草插到底部的沙子内，可以种植高密度的水草。

根据水草的外观可以分为两类，一类是在细细的茎上长着细小的叶子，叫做有茎水草；另外一类是水草的叶子像玫瑰花瓣一样散开，叫做玫瑰叶状水草。

有很多有茎水草给人的感觉十分华美，但是容易朝着水面笔直生长，直到顶部长到水面上。如果放任不管，它就会长出水面变成水面上的植物。人们总是说水草很美，这主要反映在水草的顶部，为了保证造景效果需要定期修剪。

另一类玫瑰叶状水草，随着生长逐渐会有较大叶片的叶子生长出来，却不会像有茎水草那样长出水面。但其观赏性没有有茎水草强。

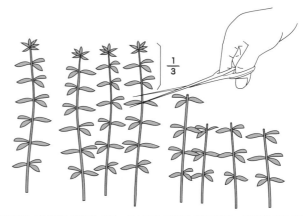

珍珠草这样生长速度比较快的水草，最好在头部以下1/3处剪断。虽然剪掉以后看上去光秃秃的，但是很快就会有新叶子长出来，便于观赏了。

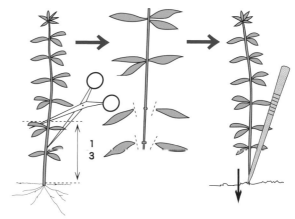

生长速度比较慢的有茎水草如果长得过高，就要从根部以上1/3处剪断，把剩余的根部扔掉。然后把靠近根部上方的层叶子剪掉，用镊子重新栽入水族箱底部。如果是种植这样的水草，每一根水草都需要重复上面的动作，很费时间，但是如果从头部剪掉，由于它生长速度缓慢，很难长出新叶子，就总是一副光秃秃的样子。

小型水族箱内即使种一些有茎水草也不会很费精力

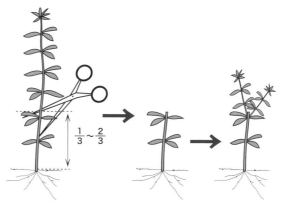

如果想让有茎水草繁殖得更茂盛，可以在根部上方1/3~2/3处剪断，这样在切口处就可以直接发出新芽，重新生长。另外，把切掉的茎按照上述方法栽入水族箱底部也还可以长出新枝。另外，像红丝青叶这样生命力顽强的种类，即使剪掉一片叶子栽上也可以发出新枝。

只是使用自己采集的浮木制作的水族箱造景，可以饲养那些对水草侵食性比较大的热带鱼。

水族箱造景的构思与技巧

　　要想做出高品质的水草造景水族箱，或者是其他种类的有趣的水族箱造景（这里指不使用水草的方法），首先需要具备各种技巧。刚开始的作品肯定不会满意。只要记住下文中介绍的水族箱造景的构思与技巧，就可以把造景效果提升一个档次。水族箱造景的最大的特点就是可以根据构思创造出一个又一个有趣的作品。如果您能够想出一个新的构思，就可以创作出独一无二的新颖作品。水族箱造景，需要充分发挥您的创造力，是一件非常有趣的事情。

把一块大的浮木横着摆放到水族箱内，前后种上密的水草，营造出天然的层次感。使用较大的浮木确实是一种比较常见的有效手段。大型浮木可以到热带鱼商店购买。

使用不锈钢木钉把浮木和亚克力板钉在一起。

制造出水族箱内的层次感

在水族箱内打造出层次感，可以使水族箱更具有立体感。最简单的方法就是使用大块的浮木。用浮木专用螺丝把浮木固定在亚克力板或者塑料板上，然后摆放到水族箱内，这样就不会因为沙砾的重量或者水流把它冲倒。右图介绍的方法是在小塑料盒内装上一些沙砾，做成一块石头的样子，再种上一些水草。这样塑料盒就不会很醒目，从而制造出高低错落的层次感。

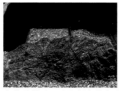

水草越茂盛，小塑料盒的存在就越不醒目。

水族箱内的石头组合

在水族箱内用大小不一的石头堆砌出各种各样的造型与水草造景的效果完全不同，实际操作起来也十分有趣。制作时要注意的是，在玻璃水族箱的底部全部铺上2～3cm厚的泡沫塑料板，然后再进行岩石造景。用岩石造景后，需要加入一些水族箱底部的沙砾（这样即使鱼挖开了沙砾岩石，造景也不会塌掉）。为了安全起见，在纯石头造景的时候，可以用不含防霉剂的硅胶粘着剂把石头们粘起来。

仅仅利用石头制作出来的坦噶尼喀湖造景。

在水草造景箱内搭配上石头

要想营造出自然的水边风景，石头是不可或缺的元素。在水草造景箱内搭配上一些石头看上去会更加自然。但是，选择什么样的石头和水草搭配却是很难的一件事情，只能通过不断地练习提高自己的技巧。另外，石头当中还有石灰岩的成分，会大大地影响水质（加入了石灰岩，就会变成硬质水），尤其是用自己采集的石头与水草搭配时要事先调查好石头的pH值。这一点需要特别注意。

用石头做成的水草造景水族箱。在水草的造景中适当地加上一些大石头，可以营造出更加自然逼真的水中景色。但是，如果选择了过多的色彩鲜艳的石头，效果反而不好。

树枝状的浮木上种植上苔藓，可以营造出更贴近大自然的氛围。

可以在岩石或浮木上种植一些苔藓和鹿角苔

把苔藓和鹿角苔茂密地种在岩石和浮木上，可以使整个造景更加自然。这是水草造景中一个最基本的方法和技巧。

用棉线把苔藓缠到石头上。

围绕着浮木生长的鹿角苔，让它沉在水底制成前景。通过光合作用产生的氧气不断地冒出小小的气泡。

用尼龙鱼线把水草缠在浮木上。

压在石头下面的鹿角苔。

水面上漂浮的鹿角苔。处于最初的繁殖状态下。

苔藓可以在石头和浮木上生长，用黑色的棉线把少量的苔藓缠绕在浮木或岩石上，过一段时间它就会自然地长在石头上。一旦长得密了，很快就会盖住黑线。另一方面，鹿角苔无法在浮木上存活，可以使用在水中不会腐烂的尼龙鱼线把它绑在浮木和石头上，强行迫使其繁殖。添加了二氧化碳后，水草的光合作用就可以使它不断冒出小气泡，非常美丽。

如何设置浮力较大或者易翻倒的浮木

想要使长枝形的浮木能够在水族箱内站住，需要下些功夫。建议在较大的亚克力板上切一个小洞，然后用不锈钢钉将浮木固定在上面。把亚克力板埋在沙砾底下，这样就可以使浮木固定在原地。另外，对于浮力过大的浮木也可以采用同样的方法。

用不锈钢钉将浮木固定在打有小孔的亚克力板上。

附着树根浮木的亚克力板。

用红陶花盆种植水草

没有铺设沙砾的水族箱又被称作是"裸箱"。这种水族箱的特点是没有沙砾所以清洁起来很简单。但是，由于没有铺设沙砾就没有办法种植水草，这时可以使用红陶花盆作为容器，在里面加上沙砾和底部肥料种植水草。这种方法的优点是易清扫。与普通的水草造景水族箱相比，人工造景的感觉更加强烈。如果想在"裸箱"里加上一点绿色，可以使用这种方法。

把外形优美的浮木用在水族箱内，就会营造出氛围很好的造景。

同时放入数根浮木的水族箱。最适合种植鼠鱼。

在红陶花盆里种植了亚马孙皇冠，饲养了七彩神仙鱼的水族箱。

玻璃器皿内种上了大叶水榕。

可以在浮木上存活的各种榕类植物构成的水草造景。

附着在浮木上的水草的种植方法

　　易在浮木或岩石上生根的水草，除了苔藓以外还有榕类植物（迷你小水榕、大叶水榕）和铁皇冠等，这些水草用塑料线（外面包着塑料的铁丝，园艺用品。经常用金属线扎成一束使用）或者尼龙鱼线扎成一束，一个月后就会在浮木或者岩石上生根。

　　生根后的水草最有意思的一个作用，就是可以在"裸箱"内的浮木上造出水草景观（右上图）。这种方法与在"裸箱"内使用花盆种植水草的方法相似，看上去更加自然。另外，还有一个有意思的构思，就是在大型浮木上穿一个孔，把皇冠草的根部种到其中（等到它的根部完全长成后就会填满洞口）。可能有很多人都认为必须把皇冠草的根部种到水族箱底部的沙砾中，实际上种植到浮木上也能成活。

在浮木上种植了迷你小水榕和成对饲养的七彩神仙鱼。

在大大的浮木中间打一个孔，种上亚马孙皇冠。

密集种植水草的美感

　　水草，特别是有茎水草，同时种10～20根以上效果更好，恐怕没有人会反对这种说法。很多人都认为许多有茎水草一同在水中摇摆的样子非常迷人。为了能够营造出这种景观，可以分别种上一些高度不同的水草。制作起来并不是很困难。

种植水草是最好由低到高、从前向后排列。

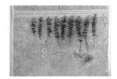
可以放在浴巾上调正水草的长度。

红色水草的点睛之效

　　通常在绿色水草中加入一些红色水草（如石莲草、红蝴蝶）会起到画龙点睛的作用。红色水草不需要特殊的造景也能在水族箱内十分醒目，就如右图所示，绿色的水草包围之中有几株红色的水草，能够把它的魅力发挥到最大限度。

　　反之，同样的水草造景中红色的水草如果使用过多，就会适得其反。多种不同种类的水草混合种植只会使水草的美丽锐减。

红色的水草与绿色、黄绿色水草对比种植效果最好。

适合用于前景造景的低矮水草

　　水草造景中，前景（水族箱的前景）种植低矮的水草是比较常见的做法，因为前景如果采用过高的水草就会遮挡住后面的景物。但是也并不是说，只要是低矮的水草就能营造出较好的前景，有很多种水草如果周围环境好，很快就会长高。在较少的适合用于前景的水草当中矮珍珠是最受欢迎的人气品种。

矮珍珠的根部会延伸得特别长

可以在前景大面积地种上矮珍珠。它可以覆盖整个前景地域，非常受欢迎。很多人都通过这种方法进行水草造景。

鹿角苔通过光合作用可以生出很多小气泡，就好像每个小草上都挂了一个小小的铃铛，非常美丽。

二氧化碳自动供给系统

　　下图是一套完整的二氧化碳添加系统，由小型高压二氧化碳泵和可以微量调节二氧化碳供给量的阀（减压装置），电磁阀，高压管，微调节阀，防逆流阀，换气式二氧化碳释放器，2个24小时计时器，照明用具（水族箱用荧光灯），空气泵，空气管，气泡石构成。

　　这一系统的构造和工作原理如下：先把照明

用具与第一个24小时计时器连接，并把这个计时器与电磁阀连接。当计时器调到ON上，水族箱就可以长时间亮灯；同时电磁阀也打开，二氧化碳泵通过连接到水族箱的高压管和空气管向水族箱内提供二氧化碳。到了事先设定好时间后，第一个计时器就自动跳到OFF上，水族箱内照明关闭，向水族箱内提供二氧化碳的电磁阀也关闭停

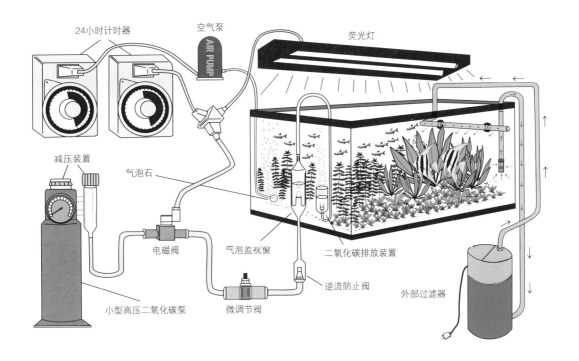

24小时计时器　空气泵　荧光灯

减压装置

气泡石

电磁阀　气泡监视窗　二氧化碳排放装置

小型高压二氧化碳泵　微调节阀　逆流防止阀　外部过滤器

止供气。几乎同时，事先设置好的第二个计时器开始跳到ON，与之相连的空气泵开始工作，水族箱内的空气泵有小气泡冒出，给水族箱内提供氧气。过一段时间第一个计时器变成了ON，同时第二个计时器跳到OFF，停止换气，重新开始给水族箱提供二氧化碳，照明也恢复运行。

这个系统的一大特点是，在有照明的时间内，可以自动地给水族箱内添加二氧化碳，照明关掉后二氧化碳的供给停止，同时开始通过空气泵给水族箱供氧。这种构造可以只在水族箱内有照明的时候提供二氧化碳，照明停止后光合作用也就停止，在水草开始呼吸氧气的时候可以通过空气泵提供氧气。

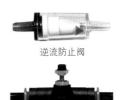

逆流防止阀

微调节阀（控制速度）

耐压分歧管（同时配置数条管使用）

24小时计时器（工作用）和电磁阀（通电后阀门打开）

小型高压二氧化碳泵减压装置

从水草叶子表面释放出的氧气气泡。

左侧是细小的二氧化碳气泡，证明二氧化碳排放装置正在工作。右侧是确认二氧化碳释放速度的气泡计时器。

热带鱼水族箱的保养与维护

无论饲养哪种热带鱼，基础要领基本都没什么变化。以下就简单地总结一下水族箱饲养热带鱼的基本常识。水族箱的饲养技术对于饲养者来说很重要，甚至比室外饲养更加重要，对鱼的健康状况也有很大影响。稍有不慎，就有可能使鱼一夜之间死光，因此需要注意。

清洁过滤器

过滤器的清洁对于入门者来说是最容易失败的操作。主要原因是把过滤材料清洗得太干净，结果杀死了附着在表面的起过滤作用的细菌（很小，肉眼无法看见，主要是保持水质的清洁）。为了防止这样的事情发生，最好按照以下程序打扫过滤器。

①将水族箱内的水通过蛇皮管适量地取到水桶里（水桶容积的1/3）。

②把脏的过滤材料放入①中的水桶内轻轻清洗。注意不要把过滤材料洗得太干净，否则会把附着在过滤器表面的过滤细菌和污物一同洗掉。只要清除过滤器表面的大面积污物就可以了（要充分克制自己想要洗得更干净的心情）。

③把过滤材料放回过滤器后，将事先准备好的水倒入水族箱内，补充刚才取出的水量（使用氯气中和液除掉自来水

的氯气，使水温和水族箱内的水温一致），打开过滤器开始过滤。

④由于过滤器内还有一半污物保留在上面，所以在刚启动过滤器的时候，肯定会有大量的污垢排出，几个小时后水族箱中的水就会恢复到透明的状态了。如果过滤器清洗得太干净，可能过了半天时间水里都有白色污物，反而无法使水质保持透明。

⑤重新启动过滤器时，水质一开始十分浑浊。虽然很想换水但还是请克制住，到第二天再换水。这就是由于清洁了过滤器后水质变得十分不稳定，如果当天换水会使水质更加的不稳定。

换水

不仅是热带鱼的水族箱，只要养鱼就会有鱼粪，或者鱼饵的残渣积累，逐渐会使水质变成酸性。通过换水可以使水族箱的水恢复到原来的中性水，但是换水要一部分一部分的换，不能一次换完。换水是热带鱼水族箱最重要的日常管理工作。

不用说，水族箱里的水量远远小于天然湖泊的水量。无论过滤器怎么过滤，它的能力都是有限的。另外，大多数的水族箱都是设置在室内，受到

空间的限制，恐怕很难放下很大型的过滤器。过滤器的工作效率再高，时间久了都会在水族箱内积累下对鱼有害的物质（如硝酸盐，虽然其毒性没有亚硝酸盐强，但是数量多了也是对鱼有害的），需要定期换水维持水质。

过滤器的性能稍差或者饲养的鱼的水量过多，水族箱中水质的pH值就会发生偏差。如果水族箱的水呈强酸性，就会发现热带鱼的游泳速度变慢了。如果酸性更强，鱼的眼睛就会有白浊物，最后甚至会病死。为了防止水质呈酸性，需要定期换水。

换水的窍门就是一定要定期换水，规定好换水间隔时间。换水间隔时间是根据过滤器的能力而定的，事先要用pH值电子测试笔（或简易测试装置）测试一下水族箱内水质的pH值。在pH值达到5.5以下呈弱酸性之前就要开始换水了，并以此确定换水的周期。水族箱一次换水的量要尽量少（全部水量的1/5～1/4），尽量缩短换水周期。这是因为换水量越少，水质变化对热带鱼的伤害就越小，同样对过滤器的负担也就越小。但是这种方法很费事，无法持久，不是很现实。最现实的换水标准量是每1～2周换掉1/3的水。

饲养成鱼的水族箱，如果

尽量保持玻璃表面清洁。

很长时间没有换水，水已经很不新鲜的时候，要尽量把水族箱的水灌满，然后可以一次换掉1/2的水量。由于成鱼有一定的体力和抵抗力，应该是可以承受的。但是对于高级的较娇气的鱼种，即使是成鱼，为了慎重起见，也最好一次只换掉全水量的1/5～1/4。

换水时不要直接使用自来水，最好事先放到另一个水族箱里，放上2～3天，使其与水族箱的温度大体一致后是最理想的状态。如果水温与水族箱的水温相差太多，容易损伤热带鱼的身体健康。如果没有其他的水族箱准备新水，可以把加热过的自来水直接倒入水族箱内。但是这个时候别忘了加入适量的海波、小苏打排出水中的氯气（为了排出水中的液体氯气，可以和除氯氨水质稳

使用磁石式苔藓清洁器的效果非常好。

定剂一起使用）。

经常换水。

夏季水温对策

夏季气温较高，同样水温也会相应上升，对热带鱼和水草的饲养都有一定的影响。气温上升到30℃左右时，根据各个水族箱的设置条件不同，水温很有可能轻易地上升到30℃以上。但是大多数水草生活的水温以22~25℃较为适宜。这个水温对热带鱼来说，属于偏低的，容易使热带鱼罹患白点病，不是很合适的温度。

当然，也有水草可以耐高温，30℃的高水温，依然茁壮成长。这些水草并不是可以无条件地适应高水温环境，还要配合以照明的强弱、质量、水中二氧化碳的含有量、水族箱的水质等，条件都合适的情况下才能健康生存。

因此，控制水族箱的水温至关重要。为了能够让水草和热带鱼都平安度过夏季，在此总结了几种控制水温，使水族箱的水温不要上升过多的方法。

悬空荧光灯

不要把水族箱用荧光灯放在箱顶，而是用直径3~5cm的角材悬空架起来。

荧光灯不要直接放在水族箱上是最有效的方法。尤其是在使用两根灯管的荧光灯时，虽然有利于水草的生长，但是也容易使水族箱水温上升。使用这种荧光灯，特别是盖子盖得很紧的水族箱的水温

很容易上升，一般有盖子的水族箱的水温要比没有盖子的高2~3℃。

水族箱避光通风

不要把水族箱放在阳光可以直射的窗边，这是一个基本常识。

若是只能放在那里，就不要使用薄的蕾丝窗帘，而是要选择比较厚重的、遮光性比较好的窗帘。另外还要注意水族箱内贴的背景膜的颜色。如果是黑的就很容易吸热，导致水族箱水温上升。如果已经贴了黑色的背景膜，那就要在上面再贴一层隔热的铝合金壳。

浮萍或网代替箱盖

不要使用玻璃水族箱盖，而是用浮萍、树脂网或不锈钢等金属网代替。

水族箱的盖子对水温的影响很大。但是如果没有盖子热带鱼又容易从里面跳出来，窒息而死，盖子不是可以轻易撤掉的。因此，为了保证不积蓄水族箱内的热量，注意保证空气的流通，又可以防止鱼儿跳出，最好的方法就是使用树脂网或不锈钢等金属网代替水族箱盖。水族箱的水易蒸发，虽然不用频繁换水，但是降低水温有助于水草和鱼的生长，应该定期进行换水操作。

窗上挂苇帘

在阳光照射的窗外加上苇帘，是十分有效的控制室温上升的方法。室内温度的上升主要是

阳光直射导致的，只要避免了阳光照射就可以控制室温上升。但是这种方法会使室内光线很暗，没有现代感，影响美观。虽然也可以在室内加上百叶窗，但是效果还是差了一些。

保证室内通风

外出时不要紧闭门窗，保证通风效果，可以防止水温升到33℃以上。但是从安全角度考虑，执行起来确实有难度。如果一直开着换气扇，也可以对防止水温过高起到一定作用。

不通风的室内如何降低水温

在外出时必须紧闭门窗的情况下，可以积极地采取以下方法降低水温。

用吹风机直吹

用吹风机直吹的效果极好。对着水族箱直吹冷风可以带走水族箱内的热量，当然根据吹风机的功率大小、风量，效果也不同，一般可以把水温降1~3℃左右。如果水温过低，可以调节吹风机的风量，或者使用摇摆功能。

用桌上的小型电扇直吹水面

用桌上的小型电扇直吹水面，比用吹风机直吹更加直接，降温效果更好。根据风量不同，一般可以降低2~3℃左右。叶面直径在20cm以上的电风扇又大又不美观，这里推荐

用小电扇，价格便宜。用冰水降温。

用冰水降温

把大的饮料瓶装满水冻成冰，出门时放到水族箱里。

这个方法看上去虽然很不美观，但是非常实用。只需要在锁好门窗出门之前把冻好的矿泉水瓶子放到水族箱里就可以了，十分便利。水瓶里的冰看上去感觉很快就会化掉，实际上可以维持6~10个小时。根据水族箱和矿泉水瓶的大小，有的时候会使水温降得过低，或者效果不明显，为了防止出现这样的问题，可以在家尝试一下。

一直开着空调

推荐有很多组水族箱的爱好者使用这个方法。这个方法看上去很费电，但是如果把温度设置在29℃，对于一般人来说还是可以承受的。对于人来说这个温度稍微有些高，但是对于热带鱼和水草来说却是恰当的温度。

另外还可以像电扇一样，让空调直吹水族箱。这时由于空调的作用室温也有所降低，所以水族箱的温度可能降低幅度更大。比如空调温度设置在28℃，从距离2~3m的地方直吹水族箱，被直吹的水族箱的水温可能比没有被直吹的水温要低2~3℃。而且这个时候空调风是向下直吹的，所以室内各个部分的温差较大，最好再配一台电风扇进行调节。

使用水族箱用空调

使用水族箱用空调，除了在某些特殊场合外，并不是十分实用的方法。水族箱专用空调的价格比较高，还是购买室内空调更经济。但是，在不想降低室温只降低水族箱的温度时，就显出它的作用了。

不要选择那种把冷却装置设置在水族箱内的机型，而是要选择那种把水族箱内的水用管子抽出导入空调内部循环降温后再把冷却的水重新送回到

水族箱内的产品。放在阳台上可以防止噪音也不占用空间。

为了防止水温上升可以用角材把荧光灯架空。

索引

水草

图书在版编目（ＣＩＰ）数据

世界热带鱼图鉴：700种热带鱼饲养与鉴赏图典 /
(日) 小林道信著 ; 张蓓蓓译. -- 北京 : 中国民族摄影
艺术出版社, 2018.1
ISBN 978-7-5122-1047-9

Ⅰ.①世… Ⅱ.①小… ②张… Ⅲ.①热带鱼类—观
赏鱼类—鱼类养殖—图解 Ⅳ.①S965.8-64

中国版本图书馆CIP数据核字(2017)第238876号

TITLE：〔Nettaigyo Beginners Guide〕
BY：〔KOBAYASHI Michinobu〕
Copyright © 2006 KOBAYASHI Michinobu
Original Japanese language edition published by Seibundo Shinkosha Publishing Co., Ltd.
All rights reserved. No part of this book may be reproduced in any form without the written permission of
the publisher.
Chinese translation rights arranged with Seibundo Shinkosha Publishing Co., Ltd., Tokyo through NIPPAN
IPS Co., Ltd.

本书由日本诚文堂新光社授权北京书中缘图书有限公司出品并由中国民族摄影艺术出版社在中国
范围内独家出版本书中文简体字版本。
著作权合同登记号：01-2017-8108

策划制作：北京书锦缘咨询有限公司
总 策 划：陈　庆
策　　划：肖文静
设计制作：柯秀翠

书　　名：世界热带鱼图鉴：700种热带鱼饲养与鉴赏图典
作　　者：〔日〕小林道信
译　　者：张蓓蓓
责　　编：陈　傒
出　　版：中国民族摄影艺术出版社
地　　址：北京东城区和平里北街14号（100013）
发　　行：010-64906396　64211754　84250639
印　　刷：三河市祥达印刷包装有限公司
开　　本：1/16　170mm×240mm
印　　张：14
字　　数：107千字
版　　次：2024年3月第1版第8次印刷
ISBN 978-7-5122-1047-9
定　　价：68.00元